U0200762

UnRead
思想家

无论如何都想告诉你的时间杂学

絶対、人に話したくなる
「時間」の雑学

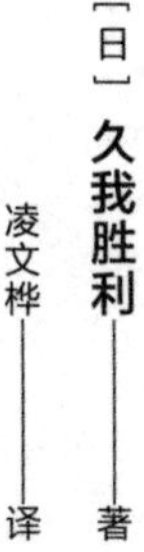

[日] 久我胜利——著
凌文桦——译

北京联合出版公司
Beijing United Publishing Co.,Ltd.

卷首语

我依稀记得，在我二十余岁的时候，总有一些年长的人对我说："唉，上了年纪之后，这时间的流逝呀，是越来越快了。"

彼时的我，年少青春，风华正茂，丝毫没有这种感悟，然而，随着年岁渐长，对这话有了切身的体会后，就越发觉得这话说得实在是有理。

眼下看来，这 1 年时间的流逝，似乎有了加速度，变得越来越快。

和我差不多年岁的朋友们，也对此深为赞同。就这一点来看，也许大多数人对这话都有着相同的感触吧？

其实，并不一定是 1 年这样长的时间，才能让人感受到时间流逝之快。早上在被窝里觉得十分舒适，迷迷糊糊间，起床的时间就这样悄悄溜走了。

“哎呀？！竟然已经这个点了！”有时候等到自己清醒过来，才发现晚了不少，惊慌失措地从被窝里爬了起来。

对于无情流逝的时间，有时候我们会忍不住想要大吼一声。

“时间啊，给我停止吧！”

我们的时间是有限的，然而，也正是因为这一点，我们所拥有的这独一无二的人生是极其珍贵的。

我个人也有切身体会，想要在这有限的时间里好好活下去，活出一番精彩来。

即便如此，时间对我们大家来说，还真是不可思议。

孩提时和长大成人之后，为什么会觉得时间的长短不同呢？

闲暇时或是疲惫时我们会觉得时间格外漫长，可为什么我们会觉得快乐的时间很短呢？

就是这么一个简单的问题，成了我撰写本书的契机。

我对时间充满了无穷的兴趣。

例如，正是因为我们每个人的体内有掌握一天生活节奏的“体内计时器（体内生物钟）”，我们才能如此理所当然地按照节奏享受每一天的生活。

那么，这个所谓的体内计时器（体内生物钟）究竟是怎样一个构造呢？

或者说，我们人类究竟用了什么方法来获知时间呢？当然，现在我们通过钟表来获知时间，可是在钟表问世之前，也有相当长的岁月。

而且，如果能像科幻小说那样，回到过去，重置人生，那该是多么美妙的一件事。不过，穿越时空究竟是否可行呢？

再有，时间是否有开始和终止呢？

本书的每一个章节都简洁明了地阐述了一个关于时间的话题。请您选择自己感兴趣的章节进行阅读吧，不论哪个章节都可以。

欢迎来到奇妙的时间世界！

久我胜利

目录

第一章
为什么上了年纪之后会觉得 1 年很短呢？

第二章
在人的身体内真的存在着时钟吗？

第三章
我们应该如何决定 1 秒的长短呢？

第五章

时间是否有开始和结束？

第一章

为什么上了年纪之后会觉得1年很短呢?

空闲的时候
为什么会觉得时间很漫长?

什么呀，才只过了 15 分钟吗?

从前，我在某家点心制造工厂担任临时工，有时候需要在传送带那里干活。由于该项作业十分单调乏味，我经常觉得时间过得非常缓慢。

“哎呀，是不是已经过了 1 小时呢？”我这样想着，抬头看了看工厂的时钟，才发现，我以为已经过了 1 小时，可实际上呢，才过了 15 分钟而已。

“这怎么可能呢？时间应该更久一些吧？真是让人难以置信。”

这样的事屡见不鲜。

有时候我甚至会认为，是工厂的时钟发生了故障，才会出现这样的错觉。然而，时钟并没有故障。

平时，我们总觉得时间是以“相同速度”流逝的。但有时候我们也会觉察到，时间比平时流逝得更缓慢。

例如，工作空闲的时候，我们就会觉得上班时间似乎比往常更久了。或者，在会议时讨论一些无关紧要的事，在医院候诊排号时怎么等候都没轮到自己，种种场景，都会让我们觉得时间变久了。

时间的流逝根本没有变慢，可为什么我们却觉得时间变久了呢？

心理性时间

似乎除了体现在钟表上、有规律的物理性时间以外，还有另一种会变快或变慢的“心理性时间”。

在心理学上，这种心理性时间被归为一个特殊的领域。

我们也可以说，这种心理性时间对我们而言是普遍问题。

我们每天都会一边关注时间，一边过日常生活。我们时而会觉得时间变快了，时而会觉得时间变慢了。

那么为什么物理性时间和心理性时间会不一样呢？我想不少人会有这样的疑问。

我们越是在意时间，时间就会变得越长

好了，让我们来看一下，我们处于怎样的状况时，才会觉得时间似乎变长了。

当我们无事可做，只是一个劲儿地想着回家的时间时；当我们无法集中注意力做任何事情，只是等待时间分分秒秒地流逝时；当我们一个劲儿地注意时间，期盼着快点到明天时……

大致就是上述这些状况吧。

当我们参加让人不感兴趣、甚至可以说是讨厌的会议时，只能等待会议快点结束。

当我们在医院的等候室里时，也会有这样的感觉，由于不知道什么时候才会轮到自己看病，一个劲儿地看手表，注意时间。

此外，若是和笔者以前一样，从事在传送带旁边的单调工作的话，也会有时间变长的感觉。由于工作太过枯燥乏味，只能一个劲儿地关注时间了。

在上述的案例里，我们能寻找到的共同点，便是太过在意时间的流逝。

闲暇时，参加不感兴趣的会议时，等待时，就会不由

自主地盯着钟表看时间。

据心理学家松田文子教授说，越在意时间的流逝，就越会觉得时间变长了。

过于关注时间，和平时关注其他事物不同，整个人的意识都会集中在时间的流逝与快慢上。

于是，即便是短短 10 分钟，也会给我们一种十分漫长的错觉。

因此，即便我们全神贯注、目不转睛地盯着钟表，时间也不会如我们所想的那样快速流逝。

虽然心理上觉得时间快速流逝比较好，但是实际上钟表上的时间并不随着我们的意志而变化，时间的流逝根本不能改变。

太过在意时间，反而会感觉时间的流逝变得迟缓起来。

为什么愉快的时间总是结束得那么快?

和美女相处的时间很快

与闲暇之时相比较，快乐的时间总是转瞬即逝的。

此外，工作十分繁忙时，时间也会出人意料地过得相当快。

以相对性理论加以说明，与美女相处，因为有美相伴，赏心悦目，即便时间悄然逝去1小时，仍意犹未尽，似乎不到1分钟；可是当我们把手放在火炉上取暖时，枯燥乏味的1分钟竟然犹如1小时般漫长。

我并不确定以这样的例子来解说相对性理论是否合适，但是我能够理解上面的例子。和美女一起相处的时间，总是过得那么快。

正如心理性时间的研究学者松田文子教授所言，一味地看钟表，只会使自己整个意识都集中在时间上，导致自己觉得时间过得越来越慢。

与之相反，在高兴的时候，我们会忘乎所以，压根儿不会留意时间的流逝，因此我们反而会觉得时间变快了呢。

诚然，与闲暇之时相比，忙碌之时，以及愉悦之时，鲜有人会分心去关注钟表上的时间。

那是因为，对人而言，同一时间要关注两件以上的事情，是很困难的。快乐的时候，全神贯注地交谈，根本无暇去注意时间。

而且，人类的情感也会对心理性时间产生影响。

当你觉得很快乐、很愉悦的时候，就会觉得时间短暂了，相反地，当你觉得很枯燥无聊、不愉快的时候，时间就会变得分外漫长。我们还可以用其他事例加以验证，恐惧的情绪也会使人觉得时间变长了。

代谢和时间的关系是什么？

你觉得时间是变短了呢，还是变长了呢？这个问题不仅仅和上述的心理性领域有关，还与生理性领域有所关联。

根据认知科学家一川诚教授的观点，人类身体的代谢是否活跃，与时间有着密切的关联。

首先，我们察觉到时间似乎变快了，或者似乎变慢了，这和我们身体里的“内部计时器”有着莫大的关系。

当我们身体代谢活跃时，体内的内部计时器就会加速，当我们代谢缓慢时，内部计时器就会减缓。如果这样的话，会变得怎样呢？

例如，代谢活跃的时候，实际的时间过了 1 分钟，虽然我们体内的内部计时器已经过了 1 分 30 秒，但我们却觉得只过了 1 分钟。这就是我们觉得时间变慢的原因所在。

相反，让我们看一下代谢缓慢的时候是怎样的一种情况吧。实际的时间过了 1 分钟，虽然体内的内部计时器只过了 30 秒，但我们觉得已经过了 1 分钟。也就是说，我们感觉到时间变快了。

觉得上午的时间过得比较快

这里稍难理解的是，体内计时器加速的时候，反而会觉得时间变慢了，而体内计时器减速的时候，反而会觉得时间变快了。这其实并不矛盾。

例如，早上的时候，我们人体的代谢并不旺盛活跃，体内计时器减速，于是我们就觉得时间过得很快。

大家是否有过这样的经历？做上班前的预备时，觉得时间竟然就那么一晃儿过去了。一般来说，多数人都会觉得上午的时间是过得最快的。

与此相对，到了代谢旺盛活跃的下午，我们就会逐渐地察觉到，时间的流逝似乎变慢了。

这样说来，快乐的时候觉得时间过得快，是因为代谢不活跃的关系吗？也并非如此。

快乐的时候觉得时间过得快，其实与代谢并无太大关系，只是因为我们没有去注意时间，"心理因素"起了重要的作用。

因此，关于时间的评价，其实是与很多因素有关的。

醉醺醺的话时间会变得很快?

喝酒也要适可而止

干杯，咕噜咕噜，耶！工作结束之后小酌一杯，那是再惬意不过的事了。

当下不少人，把喝酒当作缓解压力的方式。

那么，为什么喝酒能够缓解压力呢?

那是因为酒精能够麻痹掌控理性的大脑皮层。

我们平时清醒、未醉酒的时候，由大脑皮层活动来抑制我们的思考以及行动。

大脑皮层中，最表面的一层是“大脑新皮层”，其主要功能是掌控人的理智和思考。这“大脑新皮层”对酒精是最没抵抗力的。

大脑皮层内侧的“旧皮层”掌控人类情感以及行为，随着酒精逐渐麻痹大脑新皮层，我们的情感和行为经常会出现失控的局面。

当我们小酌甚欢、酒兴上头的时候，有时候会因酒精而丧失理智，无法控制自己的情绪，吵架、打闹，甚至行为失控，一发不可收拾。

所以劝告大家，小酌怡情，痛饮伤身。

喝酒可使时间加速

大家是否有过这样的经验？喝酒喝得起兴的时候，时间就过得特别快。

尤其是和志同道合的密友对酌时，这时间，快得令人咋舌。

“哎呀，竟然已经这个点了呀。”

待回过神时，经常会发现天色已晚，这才急匆匆地赶末班车回家。

而且，是不是酒喝得越多，时间的流逝就变得越快呢？喝到烂醉如泥时，这时间一下子就过去了。

本来，在酒馆里一边听上司的说教，一边喝酒，会觉得时间过得很慢。而且，若是和啰唆不已的上司一起喝酒的话，根本没办法有好心情喝酒，更别说喝醉了。

当我们烂醉如泥时，记忆像飞一般快速

让我们来看一下，随着越喝越多，人们会有怎样不同的醉酒方式。

醉酒的程度根据血液中的酒精浓度可以分为 1 期到 5 期。

1 期：血液中酒精浓度为 0.05% ~ 0.10%

轻微醉酒状态，自我放松，不安和紧张的情绪减少，显得特别开朗，面带潮红，反应有点迟钝。

2 期：血液中酒精浓度为 0.10% ~ 0.15%

话开始变多，轻度麻痹，手指会轻微颤抖，胆子变大，情绪出现不稳定状况。

3 期：血液中酒精浓度为 0.15% ~ 0.25%

易冲动，觉得困倦，无法掌握平衡（出现踉踉跄跄、步履蹒跚的状态），反应迟钝，眼前出现叠影，胡言乱语，理解能力和判断能力低下甚至混乱。

4 期：血液中酒精浓度为 *0.25% ~ 0.35%*

运动功能麻痹迟缓（出现无法行走的状态），脸色发白、发青，呕吐、恶心，昏昏欲睡。

5 期：血液中酒精浓度为 *0.35% ~ 0.50%*

昏睡，周身麻痹，呼吸急促，甚至休克、死亡。

怎么样呢？看了上述内容，我们大致有所了解了吧？最后的 4 期和 5 期，可以被视为急性酒精中毒的症状了。所以，若是饮酒过度，结果是非常可怕的。

让我们言归正传吧。我们醉酒的时候，为什么会觉得时间变快了呢？

当然，对酌甚欢的时候，因为我们忘乎所以，根本无暇关注时间，所以觉得时间变快了。这恐怕是首要因素吧。

为什么会觉得
电影的故事那般冗长?

阿尔弗雷德·希区柯克(Alfred Hitchcock)电影的秘密

大家是否喜欢观看电影呢?大家在观看电影时,是否会觉得与实际时间相比,电影的播放时间会显得更漫长一些呢?

观看 90 分钟的电影,却感觉电影情节超过了 90 分钟,这种情况相当常见。

虽说电影只有 90 分钟,可是剧情有时候经历数日、乃至数年,当我们全神贯注,被电影情节所吸引的时候,就会产生似乎跟着剧情一起经历了数年之久的感受。

例如,在观看黑泽明导演的电影时,很少有人会觉得，电影播放时间比实际时间还短吧。

我们看完电影之后，会有一种经历了长途旅行的感觉。

而且，有些电影编剧和导演，会想方设法让观众觉得电影的故事情节比实际播放时间长。

脑神经学家安东尼奥 · R. 达马西奥以事实来举例，那就是阿尔弗雷德 · 希区柯克（Alfred Hitchcock）导演拍摄的电影《夺魂索》（1948）。

对这部电影，希区柯克导演尝试了一种全新的拍摄手法。他使用一台摄像机，一镜到底，完成了整部电影的拍摄，没有任何删减，也没有任何编辑修正。

也就是说，整部影片的情节以真实时间进行。当时摄像机的最长拍摄时间不过是 10 分钟，但希区柯克导演将每一段拍摄衔接得十分完美。

这部电影以 1924 年发生的真实事件为蓝本，讲的是两名年轻人——勃兰顿和菲利普，认为自己是青年俊才，高人一等，即便是在杀人这种事上也有特权，于是合谋杀害了他们的朋友戴维。

两人为了向他人展示自己的聪明和优越，在藏了戴维尸体的房间内，摆好了宴席，邀请朋友们来这个房间聚会。

我们前面说了，这部电影的故事情节是以真实时间进行的。不过，电影的实际播放时间大约为 81 分钟，希区柯克导演却希望让观众在电影里感受到 105 分钟的时间长度。

实际上，观众丝毫没有感觉到电影里有任何不自然，而且真的有观看了 100 分钟以上的感觉。

让人产生时间错觉的技巧

这部电影中的故事，是从主人公勃兰顿和菲利普用绳索将好友戴维勒死开始的。两人合谋将戴维勒死之后，将尸体放入一个大箱子，并盖上盖子。做完这些之后，两人在藏尸的箱子上铺了桌布，并将宴会的美酒佳肴摆放好。

不一会儿，被杀的戴维的双亲、恋人、好友、老师等人一一到访，宴会开始了。

从这个举办宴会的房间，能将纽约街头的繁华景致一览无余。此时街上暮色渐沉，黑夜降临了。

正是这种让窗外天色渐变的手法，使观众产生了似乎经历了从傍晚到深夜那么长时间的“错觉”。

虽说电影中的宴会只有二十多分钟，可是由于拍摄手法的缘故，在用餐场面上停留了不少时间，观众会觉得这用餐时间比电影里的实际用餐时间更漫长。

而且演员们演技精湛，用餐时各自演得不急不缓，悠然自得。演员们的恬然也让观众觉得时间似乎变得更长了。

当电影里来宾们因为戴维始终不曾出现而感到有些疑惑和奇怪时，观众则为他们什么时候才能发现箱中藏尸捏了一把汗。

席间，勃兰顿显得十分沉着冷静，自信满满，而与他相比，胆怯懦弱的菲利普则有些张皇失措。老师鲁伯特觉得两人形迹可疑，穷追不舍地质问菲利普。此时，电影象征性地使用了节拍器。观众坚信，跟随着节拍器的节奏，电影也会按照实际的时间进行下去。

希区柯克导演用完美的技巧，使观众不会感受到影片中忽然加快的时间，所以观众很难想象，这部电影只有 81 分钟。

因此，观众都产生了错觉，觉得度过的时间比影片实际播放时间更久。

为什么会觉得做梦的时间很长呢?

在梦中体验一生的男子的故事

在中国唐朝时，有一本名叫《邯郸梦》(又名《枕中记》)的小说。虽然故事有些冗长，但就是那么写的。

很久以前，有一位名叫吕翁的道士。吕翁在赶往赵国之都邯郸的途中，住进了一家旅店。

在旅店中，有一位卢姓书生，与吕翁相谈甚欢。聊着聊着，卢姓书生忽然长吁短叹起来，为迄今为止的境遇而叹气。

他感叹自己虽然致力于学业，却在仕途上一无所获。这话题略显沉重，并不那么愉快。

说着说着，卢姓书生有些困倦了。

此时，恰逢旅店主人在做黄粱饭。

吕翁从包裹里拿出一个枕头，递给了卢姓书生，并对书生说："你且使用这个枕头吧，只要你用了这个枕头，它就能替你实现愿望。"

卢姓书生接过枕头，发现枕头两端各有一孔。他把头靠在枕头上，枕头两端的孔变得越来越大。卢姓书生走入其中，发现回到了自己的家。

数月之后，卢姓书生娶了一位名门闺秀为妻。妻子因身出名门，带了许多嫁妆。

从此，卢姓书生如获神助，平步青云，仕途顺利，获得了官职。后因流言蜚语被贬职，不久之后，又官复原职，甚至更上一层楼。如此这般，起起落落。

后来，卢姓书生位极人臣，享尽荣华富贵。最后，他迎来了人生的尽头……

这个时候，卢姓书生忽然醒了过来。

待他回过神，才发现自己还睡在原来的旅店里，吕翁坐在他的旁边，旅店主人还在蒸着黄粱饭。

正当卢姓书生百思不得其解时，吕翁开口道："人之一生，不过是黄粱一梦而已。"

只有 REM 睡眠的时候才会做梦

在旅店主人蒸黄粱饭的如此短的时间内，卢姓书生竟然能够梦见自己的一生。

最终，卢姓书生借着此梦，悟出了人生的真谛，回到了自己的家里。

这个故事可能有些极端。做梦的时候，其实只是睡了一小会儿而已，却经常会给人一种错觉，似乎睡了很久。

因此，《邯郸梦》的作者一定也有过这样的经历，才会有如此深的感悟，写出了这个故事。

正如我们所知，梦大多数都是在 REM 睡眠状态时发生的，身体明明在休息，可是大脑活动却依然十分活跃。

所谓 REM，是“Rapid Eyes Movement”的缩写，意思是“眼球快速运动”。

如果我们观察他人在沉睡中的样子，有时候可以看到眼皮下的眼球正在快速转动。当发生这一现象的时候，多数就是在做梦了。

丰富的经历会让时间变得更长

在梦境结束之后，有时候会残留一些生动的情景，让我们难以忘记。

正是因为梦境中有这些让人难以忘怀的场景，我们才会觉得时间变得格外漫长吧。

给人以深刻印象的梦境，其内容也十分丰富，因此才会给人留下鲜明的记忆。我们在梦境中，可以体验各种各样“丰富的经历”。

即便在现实世界也是如此。在丰富多彩的经历之后，回想起来，也会觉得当时的时间似乎格外长。

相反地，若是印象淡薄的话，事后回忆起来，会觉得时间十分短暂。

与此相同，在梦境中有丰富多彩的体验时，我们会觉得做梦的时间比实际时间更久。

法国作家奈瓦尔有这样一句名言：“梦境是第二次人生。”或许正是因为有着多姿多彩的梦境，作家才有此感悟。

这就像是《邯郸梦》中的主人公所做的梦。

杯装拉面
为什么需要等待 3 分钟呢?

等待的人才是真正喜欢的

大多数的人，很讨厌等待的感觉。

去餐厅用餐，不知什么缘故，自己点的菜等了半天还未送达，这时候就会情绪焦虑。

然而，有些不可思议的是，有些人截然相反，并不会因为等待的时间长而情绪焦躁。例如，有些人会特意去人气旺盛的拉面店，排上长长的队伍等待用餐。

在站着排队的人群中，有的人等待了 1 小时，有的人已经等待了 2 小时。

我觉得，一般人能够等待的时间极限也就是 30 分钟到 40 分钟。上述的 1 小时、2 小时与这个等待时间极限相比，的确漫长。

让人匪夷所思的是，这些人气旺盛的店铺，越是让客人等待，反而越会让客人对其抱有很高的期望。

3分钟——最佳等待时间

说到等待时间，不妨说说杯装拉面泡制完成花的3分钟。

世界上最早的即食方便面——“Chicken 拉面”问世于1958年。它最大的卖点就是，只要加入热水，等待3分钟就可以食用。

“Chicken 拉面”因此顿时成了超人气商品。

“Chicken 拉面”的发明者是安藤百福，他之所以发明即食方便面，是因为看到许多人在拉面店里排着队，很幸福地吃着拉面，这场景触动了他。他陷入了沉思：若是能发明在家里就能方便食用的拉面，那该多好啊！

为此，他进行了各种各样的实验，反复摸索之后，最终诞生的完美产品便是“Chicken 拉面”。从加入热水到食用，等待时间正好是3分钟。

在奥特曼系列电视剧中，宇宙英雄奥特曼可以活动的时间也不过是3分钟（3分钟过后，奥特曼会因为能源不够，胸前警示灯闪烁，发出警报）。可就是这短短的 3 分钟，会让孩子们跟着紧张，担忧不已：奥特曼能不能在 3 分钟内打倒可怕的怪兽呢？

如果奥特曼可以活动的时间是 5 分钟的话，或许未必能够吸引如此多粉丝了吧。

不管怎么说，这 3 分钟，就像魔法时间似的。

杯装方便面上市于 1971 年，食用前的等待时间也是 3 分钟。

顺便一提，就连杯装炒面，也仅需 3 分钟就能食用了。

并非越快越好

或许有一些商家会这么想：如果能够制作出等待时间更短的杯装方便面，那销售业绩不是会更好吗？

实际上，在 1982 年，就有仅需等待 1 分钟就可以食用的杯装方便面上市了。虽然当时曾一度成为热门话题，可是并未获得相应的人气。（该公司于 2013 年发布了更新迭代产品。）

这其实证明了，要吃杯装方便面就需要等上 3 分钟，这一观念已经在人们心中根深蒂固了。

等待了3分钟，才能吃上热气腾腾、香气四溢的方便面，这会让我们产生满足感和幸福感，觉得这种等待是值得的、让人珍惜的。若仅仅是1分钟的等待，或许人们就不会有这份珍惜了吧。

而且，只需等待1分钟的即食方便面很容易吸水膨胀，不一会儿面条就会因为吸收了过多水分而失去弹性，口感变差，黏糊糊的。这也是实质性的弱点。

另外，热水加入3分钟之后，会逐渐降温，这时候吃也就不会被烫伤。如果吃只需等待1分钟的即食方便面，很可能会被烫伤，这也是1分钟杯装方便面人气不高的原因之一。

然而，最主要的心理原因是，人们在等待时间超过一个限度之后，就会对产品有更高的期待。

我觉得，人们在潜意识里都会这样认为：为了吃上一顿美味佳肴，等些时候也是值得的。

让我们继续在餐馆里等下去的，便是这期待感。主动意义上的等待和被动意义上的等待是有差别的。

就拿杯装方便面来说，这微妙的3分钟，恰好满足了人们的期待感和等待时间的限度，因此很受欢迎。

然而，最近既有不用等待 3 分钟就可食用的杯装方便面，也有等待 4 分钟至 5 分钟方可食用的新产品，这些产品也在不同程度上受到了人们的喜爱。这或许也说明了现代人对等待时间长短的概念正在发生变化。

遭遇事故的时候，时间会变得很慢，是真的吗？

恐惧心理会让时间变长吗？

我们经常会听到一些人的经验之谈：当遭遇交通事故等可怕的事件时，会觉得时间的流逝像是慢镜头般，过得特别慢。

例如，自己乘坐的摩托车撞上了前面的汽车，自己画出弧线般被甩到了前方，这个时候就会觉得时间像停止了一般，过得极其缓慢。

那么，为什么在交通事故这样的紧急状况发生时，我们会觉得时间的流逝变得特别缓慢呢？

最有力的说法便是“恐惧心理”让时间变长了。

有一个研究团队做了一项实验，让极其讨厌蜘蛛的人，目不转睛地盯着蜘蛛看。

在实验的过程中，让讨厌蜘蛛的人和并不讨厌蜘蛛的人各自盯着蜘蛛看 45 秒，看完之后，分别询问他们刚才看了多久。得出的结论是，讨厌蜘蛛的人觉得自己看的时间比实际时间更久。

脑神经学家安东尼奥 · R. 达马西奥发现，人在积极的心理状态下，会觉得时间较快，在不快、惶恐等消极的心理状态下，会觉得时间变得极其缓慢。

恐惧心理使人觉得时间变缓慢了，看来这是事实了。

如果这样还有人无法认同的话，我们可以接着进行如下实验。

蹦极实验

神经科学家戴维 · 伊格曼提出了一个假说：人类感到恐惧、害怕的时候，大脑处理速度变快，从而会觉得时间变慢了。

伊格曼为了证明自己的假说，决定用蹦极来进行实验，因为蹦极运动会给参加实验者一种“濒临死亡的极度恐惧心理”。

其实在此之前，伊格曼曾经用过山车来进行实验，可是事与愿违，参加实验者说一点都不恐怖。所以，伊格曼最终选用了蹦极来进行实验。

在实验的时候，参加实验者会戴上数字手表，一个接一个的数字会以极快的速度，随机出现在手表的显示屏上，其速度之快，即使在平时也是无法看清楚的。

如果伊格曼的假说成立，当人们感到恐惧时，大脑处理速度、视觉处理速度会变快，那么，就应该能够看清楚手表显示屏上随机出现的数字。

参加实验者逐个从高高的塔顶被推落，坠落时的最高时速超过 110 千米。

最终的实验结果是，所有的参加实验者都说，坠落时好像时间变慢了。

不过，至于那块至关重要的手表，因为数字闪现得太快，没有一个人能够准确无误地看清楚。

短时间内强行塞入一大堆记忆的话……

很可惜，至今为止，我们没有足够多的事例来证明伊格曼的假说是成立的。

似乎人们在感到恐怖的时候，大脑处理速度并不会变快。

那么，从高处坠落的时候，为什么会觉得“时间变慢了”呢？

有的心理学家认为，这和记忆有着密切关联。

恐怖在我们的大脑里留下了极为鲜明的记忆，因此我们的视觉、听觉、触觉以及味觉等感官会细致地记录下当时的状况。

说到交通事故，汽车与障碍物发生撞击时，障碍物逐渐逼近的视觉信息，刹车声、撞击声、惨叫声等听觉信息，紧握方向盘的触觉信息等，都会成为深层记忆，记录在我们大脑的深处。

在日常生活中，鲜有经历能给我们的大脑留下如此深刻的印象。在我们感到恐惧的同时，令人目不暇接的信息纷纷涌来，这使我们觉得时间变长了。

我们在性命攸关的时刻，注意力会高度集中。由于接收了过多的外在信息，我们的感官变得无比敏锐，或许正因如此，我们才产生了比实际时间更漫长的感觉。

死亡前的一瞬间，会在眼前浮现自己的一生？

心理上面临死亡的人的忠言

大家是否听说过，人在死亡前的一瞬间，会走马灯似的在眼前浮现自己的一生？

我本人因为尚未体验过面临死亡的经历，也不清楚是否真的会发生这样的事。在西方，人们把这种现象称为“全景记忆”，似乎对此也颇有研究。

瑞士地质学家阿尔伯特·海姆的亲身经历就十分出名。

1871 年的时候，海姆带着弟弟和朋友一起登山。

他们一鼓作气登上了山顶，就在打算下山的时候，悲剧发生了。海姆没有控制好身体平衡，从山上滑落了下来。

对海姆来说，那一瞬间发生的事情让他毕生难忘。

海姆从山上滑落时，脑海中不禁浮现了一个问题：如果一直这样向下滑落，自己究竟会怎样呢？

眼看自己就要撞上陡崖了。

如果陡崖下方残留着积雪的话，那么即使坠落下去，也可能获救。

如果没有积雪，就这样直接摔下去的话，会当场摔死吧。

如果能安然获救，我必须告知我的朋友们。

5 天后在大学里的演讲应该赶不上了吧？

自己的死讯将会被怎样传达给自己所爱的人呢？

在坠落的那一瞬间，各种各样的想法以极快的速度在海姆的脑海里浮现。

迄今为止的人生，化作了许多画面，纷纷呈现在他的眼前，就像在观看舞台剧那般。

最终，海姆停止了坠落。他奇迹般地得救了。

海姆在这段不可思议的经历之后，找了很多有过濒临死亡体验的人。海姆问他们，他们活了二十多年，在面临死亡的那一瞬间，是什么样的体验。

大部分人的回答有着共同点，那便是祈求死亡——他们没有感受到任何恐惧、后悔、混乱、痛苦。

而且，大部分人说，在那一瞬间，一生中的过往像是瞬间复苏了一般，汇聚成了极其华丽绚烂的乐章。

这些人都最终奇迹般地保住了性命，实际上并非真的经历了死亡。

但是，从心理层面上来说，他们跟实际上死亡的那些人的体验应该十分相近吧。

关于全景记忆的 3 种解释

为什么很多面临死亡的人会有全景记忆的体验呢?

这里有几种解释。

第 1 种解释，人们在濒死时，会想要逃避死亡正在逼近这一事实，从而产生了回避性的心理活动。

这是一种防御机制，可以避免失去意识的危险。然而若是真的失去了意识的话，我们就没办法在危险时刻保护自身安全了。也就是说，为了不让自己陷入恐慌，必须先消除恐惧心理，让自己沉浸在“安稳平和的过去的记忆里”。

第 2 种解释试图从脑部结构来说明。

大脑在没有任何感觉刺激时，不会进行活动。当受到“临死体验”这样的打击时，大脑会丧失机能。一旦失去了来自外部的刺激，大脑就会追忆过去、寻求刺激。

因此，人们就会产生全景记忆，种种过往，历历在目。

第3种解释则从脑神经学来说明。

人们在面临死亡的时候，因为恐惧，会分泌大量的肾上腺素。这些肾上腺素会刺激大脑，让大脑活动变得活跃，并且加速思考。

此外，为了缓解疼痛和压力，大脑还会分泌被称为脑内麻药的脑内啡。脑内啡会抑制感官，也会抑制大脑内与记忆和时间相关的部位。

于是，大脑内与记忆和时间相关的部位以外的其他部位，就会开始自主活动，把意识中那些毫无关联的影像凑在一起，走马灯似的在你眼前播放。这就是所谓的全景记忆。

以上3种解释，还都只是假说，不知是否能让你认同呢？

孩子们觉得 1 天很短，1 年很长?

年龄的大小和感觉到的时间的长短，是否成反比?

不论是谁，回顾自己的孩提时代，是否都会有这种感觉，觉得 1 年十分漫长呢?

而且，还会觉得，相比之下 1 天的光阴似乎稍纵即逝。

那么，我们究竟为什么会有这样的感受呢?

有一个说法是，年龄和感觉到的时间的长短成反比。

例如，对于 10 岁的孩子来说，1 年是自己年龄的十分之一。而对于 60 岁的人，1 年只相当于自己年龄的六十分之一。从上面这个例子可以看出，1 年的时间占孩子的年龄的比例更大，所以，在相同的前提下，孩子感觉到的 1 年会比成人感觉到的 1 年更长。

这似乎有点道理，但是仅靠这个说法，恐怕还无法让很多人认同吧。

细细回想一番，我们在孩提时代，每天都有各种各样的新发现。不仅限于学校的学习，我们每年都会获得新知识。与长大成人后相比，我们在孩提时代的 1 年里，需要记忆的事情实在是不胜枚举。

记忆和时间的长短有着密切的关系。留下的记忆越多，我们就越会觉得时间漫长。

当然，这并不仅限于孩提时代。我们只要在 1 年的时间里充实地生活，就会感觉到这 1 年很漫长。

小时候，任何外界事物对我们来说都是新鲜的，像新年、新学期、郊游、暑假、盂兰盆节、体育祭、文化祭、圣诞节等，还有许多让我们兴奋不已的活动。

这和漫不经心、被迫忙于日常工作的成人有着很大区别。

因为在成长过程中有许多新的体验，所以小时候的 1 年比成年后的 1 年过得更充实。

我想，这或许就是在孩提时代会觉得 1 年如此漫长的原因吧。

在广阔的空间里，也会觉得时间变得漫长

此外，与成人相比，孩子的新陈代谢更活跃。前面也曾说过，新陈代谢活跃会让人觉得时间漫长。

由于孩子的新陈代谢十分活跃，因此，与实际时间相比，孩子的心理性时间过得更快，觉得时间更漫长。

这可能也是小时候我们会觉得 1 年很漫长的重要原因之一。

此外，我觉得小时候之所以会觉得 1 年如此漫长，还有一个“空间性的因素”。

这个意思是说，当我们在广阔的空间里时，会觉得时间比我们在狭窄的空间里时更漫长。

若是在宽敞的会议室里，一个人孤零零地等待的话，我想很多人都会觉得时间特别漫长。

孩子比成人身形小，若是待在同样的空间里的话，孩子就会觉得时间更加漫长。我们长大成人之后，再回到小时候的教室里，会觉得教室这个空间似乎变得狭小了。

我们可以想象一下，或许就是因为对空间的感觉不同，孩子才会觉得自己的 1 年比成人的 1 年更漫长。

不过，小时候为什么又会觉得“1 天的时间很短暂”呢？

特别是我们长大之后回忆往事的时候，更会觉得如此。

其实，与孩子的感觉相反，成人会觉得1年的时间很短暂，而1天的时间很漫长。

成人的时间大部分被工作占据。如果不是特别繁忙，我们就会觉得在工作场所的时间似乎特别漫长。

我们会不知不觉地在意下班回家的时间，时不时就看一下钟表。然而越在意时间，越觉得时间变得更漫长了。

孩子在学校里也会如此，放学后就会跑去玩耍。

正因为孩子能够全神贯注地玩耍，根本不去在意时间，才会觉得时间短暂吧。在这种情况下，比起新陈代谢的因素和空间性的因素，对时间关注与否这一因素起了更大的作用。

而且，我还认为，跟我自己小时候相比，现在的孩子因为要上补习班学习，玩耍的时间大幅减少，这也成了一个原因。

或许，只有长大成人之后才会有这样的感触，觉得小时候的1天太过短暂。

上了年纪之后，1 年就变短了？

时间的长短对任何人来说都是公正的

“这 1 年过得真快啊……”

“是啊是啊，这 1 年的时间一眨眼就过去了。”

随着年龄的增长，这样的话题似乎越来越常见了。

确实，我们小时候觉得 1 年那么漫长，然而，我们长大成人之后，却觉得时间似乎变得越来越快、越来越短了。

我们有时会觉得才刚刚过了新年，可没想到第二年的新年又临近了。前几天才刚刚把夏天的衣服收拾好了，夏天马上又来临了。每个生日的间隔也变得越来越短……大致就是这般情景。

许多人都会因为时间流逝之快而叹息吧。

不过，我们为什么会产生这样的感觉呢?

当然，这并非因为物理性的时间真的变短了。不论是小时候，还是长大成人之后，1 年的长短都是相同的。1 年有 365 天，不论是年长者，还是年幼者，被赋予的时间都是相同的。

换言之，时间是公正的。它对每个人都平等，并不会因为我们上了年纪，就给我们更短的时间。

既然如此，我们为什么会产生错觉，觉得 1 年的时间变短了呢？我想，有这样几个原因。

时间变得稀疏起来

其中一个原因是，我们上了年纪之后，每天会变得枯燥乏味，重复着相同的节奏。

我们早上起床后，吃了早饭，然后同往常一样去上班。工作结束后回到家，吃晚饭，不一会儿就到了睡觉的时间。日复一日，重复着相同的事情。

每天都是枯燥乏味的事情重复上演，很难留下什么记忆。我们刚刚进入公司、成为公司的新成员时的那种心潮澎湃、激动不已的感觉不知去了哪儿。每天都过得漫不经心，这样的确不会留下任何深刻的记忆。

在前面我们也讲了，我们感觉到的时间的长短与留下记忆的多少有关。

小时候，每天有各种新的体验和发现。进入小学之后，结交了许多新朋友，眼中所见、耳中所听的都是一门门的新课程。

放学后有新的游戏，有许多新的经历。在同样的时间内，与成人相比，孩子所经历的时间是“浓密的时间”。也就是说，孩子在1年里新的体验远远比成人多，所以会觉得时间过得更慢。

就像我们已经说过的，随着年龄的增长，各种新的体验和发现逐渐减少，甚至日复一日地做同样的事情。因此，与孩子相比，我们的时间变得稀疏起来。

当我们回顾过去的1年时，能留下鲜明记忆的事情很少，因此，我们就会觉得这1年的时间似乎很短。

根据用心程度的不同，1年可以变得很长，也可以变得很短

当然也有这样的人，尽管年龄增长，但新陈代谢还很

活跃，还有非常丰富的体验。

如果我们积极挑战新的工作，去从未去过的地方旅行，那么一定不会觉得 1 年的时间很短吧。比起每天过得枯燥乏味的人们，我们一定会觉得这 1 年很长。

由此看来，留存的记忆越多，越会觉得这 1 年过得慢。

相反地，留存的记忆越少，越会觉得这 1 年过得快。

上述说法可能有些复杂，其实所谓的记忆多少，就是“信息量”。如果通过写日记，把每天的经历都记录下来，那么生活丰富的人的日记本，会比生活单调的人的日记本更厚。想想看，哪一种人会觉得时间过得慢一点呢？这就很清楚了吧。

由此我们可以说，根据我们对待生活的用心程度的不同，1 年的时间可以变得很长，也可以变得很短。

体温上升后，会觉得时间变慢了？

由患病妻子的抱怨得到的启发

你是否有过这样的经历？在生病的时候，无奈只能横躺在床，这时候会觉得时间变得特别漫长。

我们在发烧的时候，明明只过了 1 个小时，但是我们却觉得像过了两三个小时一般。

其实，这种错觉是有据可依的。

这世上有个喜欢异想天开的人，而他患病的妻子也给了他极大的协助，使他得以研究对时间的感觉与体温之间的关系。

这个人就是赫德森・霍格兰，他是 20 世纪上半叶的美国心理学家。

有一次，霍格兰的妻子患上了流行性感冒，霍格兰细心看护。

可妻子却抱怨说，想要霍格兰陪在身边的时候，他总是不在屋内，左等右等都不回来。

实际上，霍格兰离开屋子不过几分钟而已。

霍格兰突然有了一个想法。他觉得，这可能是因为妻子在发烧，所以对时间的感觉出现了偏差。

这或许就是所谓的学者之魂吧。霍格兰以自己的妻子为实验对象，开始研究对时间的感觉与体温之间的关系。

妻子的协助

霍格兰做了一个实验，在妻子的体温上升或下降的不同时刻，让妻子默数一分钟。

每当霍格兰说了“开始”，他的妻子就会默数一分钟，霍格兰则用秒表进行记录。

得亏他的妻子愿意协助他，他们在 48 小时内，进行了 30 多次计测。

反复计测之后，得到的结论是，在体温升高的时候，会感觉时间的流逝变得缓慢了。

也就是说，在霍格兰的妻子觉得已经过了 1 分钟的时候，实际时间只过了四五十秒。在她的体温高至 39.4 摄氏度的时候，实际时间只过了 34 秒，她却觉得已经过了 1 分钟。

这个时候，如果站在妻子的角度，一定会想：什么？才过了 34 秒吗？

这就是妻子会感觉时间变慢了的原因。

由此可见，对时间的感觉与体温存在着密切的关系。

究其根本，我觉得可能是因为体温上升的时候，人体的新陈代谢也会变得活跃。

前面我们已经讲了，当新陈代谢变得活跃的时候，我们就会感觉时间变慢了。

不过，这也不过是一种说法而已，我觉得应该还有其他原因。

后来，霍格兰用其他的实验，再次证明了对时间的感觉与体温之间存在密切的关系。

这个实验名叫“透热疗法”，人为地使体温上升，有些过激。

霍格兰的两个学生参加了这个实验。他们之所以会参加实验，是因为霍格兰的热心劝导。

所谓透热疗法，指的是用某种布料将全身蒙上，然后通电，强制性地使体温上升。

在实验中，被实验者的体温最高上升到了 38.8 摄氏度。

一开始，可能因为学生有些不安，实验进行得很不顺利。反复多次之后，终于得到了如霍格兰所料的结果。

果然，体温一旦上升，就会觉得时间变慢了。

尽管这个实验存在一个缺点，那就是参加实验人数太少，但这个实验和我们生病时的体验是一致的。

话虽如此，现在可不能再乱做这样的实验了。

心理疾病也会
扭曲对时间的感觉？

请在抑郁症恶化之前，前往精神科就诊

越来越多的人在遭受心理疾病的折磨，这是现代社会不容小觑的问题。

抑郁症患者的增加尤为显著。据调查，日本国内患者数量超过 100 万人，而从未前往医疗机构诊疗的患者数量达 300 万人。

抑郁症不仅有心情低落、思维迟缓、意志活动减退等精神性症状，还有躯体怠惰、早醒、食欲减退等躯体性症状。

躯体性症状尤其需要得到重视。人们通常认为，这些躯体性症状是身体疲劳所致，而非抑郁症所致，所以往往

难以在早期发现病情。

为什么人们会患抑郁症？虽然具体原因无从得知，但是我们不难发现，抑郁症多发于一丝不苟、严谨细心的人群。

而且，很多人以身患精神疾病为耻，宁愿自己默默忍受，也不愿去精神科接受诊疗。这样一来，会导致病情更加严重。

如果你有上述症状，并且持续了很长时间，我们建议：不要犹豫，请立即前往精神科咨询医生，接受诊疗。

人们常说抑郁症是一场心灵感冒。因此，一旦发现患有抑郁症，最重要的是在病情加重前接受治疗。

抑郁症患者的时间是缓慢推进的吗?

话说回来，抑郁症与对时间的感觉之间也有千丝万缕的联系。

与健康的人相比，抑郁症患者会感觉时间过得比较慢。

意大利的精神医学家马修 · 布鲁姆进行了相关实验。实验结果表明，抑郁症患者感知到的时间平均要比健康的人长 2 倍多。

也就是说，抑郁症患者的时间是以健康人的时间“一半的速度”推进的。

虽然具体原因尚不得而知，但是不难推测，这可能是抑郁症患者的时间认知障碍导致的。

即使是健康的人，在感到不安时，也会觉得时间过得慢了。而抑郁症的症状之一就是明显的心神不安，所以抑郁症患者必然会感到时间过得慢吧。

此外，抑郁症患者虽然可以思考过去和现在的事情，却无法对未来的事情进行思考。

对抑郁症患者来说，未来是悲观的，不值得思考。

相反地，哪怕是对未来尚抱有一丝乐观的想法，也就不会患这么严重的精神疾病了。

与抑郁症患者相反的狂躁症患者，会感觉时间过得很快。无论在工作中，还是在其他方面，他们都会麻利地处理各种事情。

这一点，与抑郁症患者形成了鲜明的对比。

除了抑郁症和狂躁症，心理疾病还包括精神分裂症。

与抑郁症和狂躁症相比，精神分裂症的症状多种多样，无法用几句话说清。

有的患者表现出妄想、出现幻觉、思维障碍等症状，有的患者则表现出情感障碍、意志障碍、行为障碍等症状。

在时间方面，有的患者会有时间消逝、时间静止等感觉。

例如，明明已经50多岁了，却还说自己才20多岁。

看来，同样是心理疾病，在时间的感觉上还有相当大的差异。

个人节奏是因人而异的

每个人都会按照自己的节奏行动

我们都在不知不觉中按照自己的节奏生活着。

每个人的节奏都不同，既有优哉游哉的人，也有匆匆忙忙的人。

这种每个人所特有的节奏，被称为“个人节奏”。

通过用手指连续敲击桌面，我们可以得知自己的个人节奏。

我们可以多次尝试，找到自己感觉最舒适的敲击节奏，这就是自己的个人节奏了。

一般来说，大多数人感觉舒适的敲击节奏间隔在 0.4 秒到 0.9 秒之间。

个人节奏体现在各种日常活动中。

吃饭、走路、说话，都在按照个人节奏进行着。

打乱个人节奏会造成压力

如果打乱了个人节奏的话，会怎样呢？

例如，如果强制所有人按照同一节奏工作的话，那么对节奏过快的人和节奏过慢的人都会造成压力。

有实验表明，如果让一个人做快于其个人节奏的工作，其心跳会加快。

而如果让一个人做慢于其个人节奏的工作，其心跳也会加快。

由此可知，在工作时，要创造出适合自己的个人节奏的工作环境，这一点尤为重要。

这样既可以减少负担，也可以防止失误。

类型A和类型B

世上有一种人，不把事情赶紧做完就觉得不痛快。这样的人，看到比自己工作慢的人就会觉得烦躁。他们总像被时间追赶着似的，匆匆忙忙的。

生活中确实有这样的人吧。

这样的人就属于类型 A。

这种类型的区分和血型没有任何关联性。

类型 A 的人的个人节奏较快，会感觉时间过得很快。

话虽如此，却不能说个人节奏快的人就都属于类型 A。

有些人会想：类型 A 的人工作迅速，这不是挺好的吗？但他们可能会因为身体负担过大，而患上心脏病。

如果你意识到自己属于类型 A，还是尽量让自己享受一些放松的时间比较好。

类型 B 的人则恰恰相反，个人节奏较慢，做任何事情都很悠闲。

在职场上，类型 A 的人更容易受到青睐。

类型 A 的人

但是，类型 A 的人容易与他人产生冲突，有可能无法建立良好的人际关系。

在职场上经常能看到类型 A 的人。如果身处领导层，就需要考虑如何不与他人产生摩擦。

类型 A 的性格是怎样产生的呢？其中有遗传因素，而生长环境也是一个非常重要的原因。

如果父母对孩子的要求过高，在孩子未满足自己的要求时就责罚他，或者总是将孩子与其他孩子比较，就容易使孩子形成类型 A 的性格。

这样的父母大多也是类型 A 的人。

虽然类型 A 的人也有很多优点，但这种性格存在健康上的风险。因此父母有必要好好考虑一下培养孩子的方法。

人类所认知的最短的时间有多短?

有秒针的钟表和没有秒针的钟表

在我的工作桌上有一个安装电池的电子表，秒针会随着每 1 秒的流逝嘀嗒嘀嗒地移动。

此外，我还有一块常年使用的自动上弦的手表，这种表的秒针会每 1 秒微弱地颤动四五次。

这两种表，要说哪个更好一些，我觉得还得看个人喜好。不过，为什么不同的表，秒针的运动方式会不同呢?

实际上，对于使用电池的表，秒针的移动是最消耗电力的。如果秒针每秒微弱地颤动四五次的话，会更消耗电力，因此才制造出了秒针嘀嗒嘀嗒地每秒只移动一次的表。

最近，没有秒针的表也上市了。也许对于某些需要重视外形设计的表来说，秒针有些碍事，因此推出了没有秒针的新款。

而且，在日常生活中，秒针也并不像我们以为的那么重要。表究竟是在走，还是停止了，这显而易见，这件事上我有些多虑了。

我们能意识到的最小时间单位

不管怎样，我们平时能意识到的最小时间单位，也就是表盘上的最小单位——1 秒。

对一般人来说，如果不是从事一些很特殊的工作，也就是在看体育竞技的时候，才会意识到还有比 1 秒更短的时间吧。

像短距离竞走、游泳、滑冰、滑雪、自行车等速度竞赛，会以 0.01 秒或 0.001 秒为单位来计测时间。

这种时间差距极其微小，而正是这极其微小的差距，让观众担忧不已，心情跟着上下起伏。

而我们在日常中，即便意识不到比 1 秒更短的时间，也不会妨碍我们的生活。

听觉与视觉哪个更敏锐?

话虽如此，尽管我们意识不到，但其实我们还是能察觉到比 1 秒更短的时间。

那么，就让我们不依靠机械，只依靠自己的“知觉”来感受一下，最短的时间到底是多短吧。

我觉得上述内容很有趣，便进行了实验。该实验的具体方法是，先给某个人两个不同的刺激，然后让他判断这两个刺激是不是同时发出的。

例如，以听觉为例，先让他听两个声音，然后让他判断，这两个声音是不是同时发出的。

在听觉方面，我们如果能判断出两个声音不是同时发出的，那是因为两者之间有千分之几秒的间隔存在。

而在视觉方面，我们如果能判断出两个视觉刺激不是同时发出的，那是因为两者之间有 0.02 秒到 0.03 秒的间隔。

由此可见，我们的听觉可以比视觉判断出更短的时间。所以，竞走比赛开始时，会以发令枪的声音为信号。

0.03 秒至 0.04 秒之间的壁垒

但是，我们只能判断两个刺激不是同一时间发出的，却无法判断哪个刺激在前、哪个刺激在后。如果要判断分明，恐怕还需要一些时间。

从实验结果来看，无论是听觉、视觉，还是触觉，要判断出来，都需要有 0.03 秒至 0.04 秒的时间间隔。

例如，在视觉方面，假设我们先看到的是红色光线，接下来看到的是蓝色光线。那么，要让我们判断出是红色光线在先、蓝色光线在后，这两道光线的间隔就必须在 0.03 秒至 0.04 秒之间，不能比这个间隔再短了。

这似乎就是我们可以感觉到的最短的时间了。

第二章

在人的身体内真的存在着时钟吗?

人体内的时钟
1 天有 25 个小时吗?

被体内时钟支配的 1 天

人在清晨醒来，又在夜晚入眠。大多数人过着每天 24 小时的生活。

这就是“昼夜节奏（生物节奏）”。

我们能够依据昼夜节奏来度过每一天，是因为我们体内有掌控每天节奏的时钟。

这就是体内时钟，即生物钟。

例如，我们会在夜晚入睡，是因为血液中有一种叫作“褪黑素”的激素的浓度升高了。

在没有钟表的情况下，这种激素也会使我们知道黑夜来临，让我们的活动量减少，感到睡意。

与此相反，白昼到来后，副肾皮质中会分泌出一种叫作“皮质醇”的激素，让身体清醒过来，让我们的活动量增多。

而且，我们睡眠时排尿的次数明显比清醒时更少。这也是因为皮质醇在我们入睡时对排尿、排便进行了控制。

我们的体温和血压也是以 24 小时为周期变化的。人体的体温在早晨醒来前最低，在傍晚后会升高。血压在早晨醒来时升高，并在傍晚时达到最高值。

这些节奏，全是由体内时钟来掌控的。

除了人以外，动物也是有体内时钟的。例如昼伏夜出的动物，它们有适合夜晚活动的昼夜节奏。

老鼠就属于夜间活动的动物，因为它们要避免在白天被捕食者捕获。

对生物来说，体内时钟是一种规避风险、保护生命的至高法则。

体内时钟可以通过光进行重置

那么，你是否听说过人体内的 1 天实际有 25 个小时呢？

实验表明，如果让某个人在一个明亮且封闭的空间内生活，几天之后，他的体内时钟就会变为每天 25 个小时。

至于为什么会是 25 个小时，就不得而知了。

但是，如果体内时钟是每天 25 个小时，那么为什么我们平常的生活会每天缺少了 1 个小时呢？

实际上，我们之所以能够以每天 24 小时的节奏生活，是因为光对我们的体内时钟进行了重新设置。

有了可见的光，我们的生活节奏就可以与昼夜的节奏达成一致。

然而，研究表明，即使丧失视力的老鼠，也可以让自己的生活节奏与昼夜的节奏达成一致。

这又是怎么一回事呢？

我们的眼睛能看见东西，全靠眼球内的视网膜透光成像。

视网膜中有视杆细胞和视锥细胞这两种感光细胞。视杆细胞是在昏暗环境下对波长较短的蓝光敏感的感光器，而视锥细胞是在明亮环境下对波长较长的红光敏感的感光器。

研究使用的丧失视力的老鼠，是人工取出了视杆细胞和视锥细胞的老鼠。

由此，有些学者认为，除视杆细胞和视锥细胞外，视网膜中可能还存在其他的感光细胞。

这些学者努力对这种可能存在的新型感光细胞进行着探索。

一种叫作“黑视蛋白”的蛋白质

经过不懈的努力，终于，这些学者发现了一种叫作“黑视蛋白”的蛋白质。黑视蛋白是视网膜中的一种神经节细胞蛋白。

研究表明，如果视网膜中存在这种蛋白质，那么即使没有视杆细胞和视锥细胞，也可以感受到光线。

学者最初坚信，正是黑视蛋白使身体节奏能与昼夜节奏一致。

然而，事实并非如此。进一步的实验表明，体内缺少黑视蛋白的老鼠，其生活节奏竟然也能与昼夜节奏一致。

最终的结论是，即使没有黑视蛋白，只要有视杆细胞和视锥细胞，昼夜节奏还是可以调节的。

但是，既没有黑视蛋白、也没有视杆细胞和视锥细胞的老鼠，无法让自己的生活节奏与昼夜节奏一致。

由此，我们可以得出结论：视杆细胞、视锥细胞和黑视蛋白相辅相成，一同调节着昼夜节奏。

体内时钟究竟在哪里?

体内时钟位于大脑中

我们已经知道了自己有体内时钟，不过体内时钟究竟在体内的什么位置呢?

现在看来，体内时钟所在的位置已经非常明确了。体内时钟位于大脑内的视丘下部的视交叉上核（SCN）。

这一结论是通过小白鼠实验得出的。在实验中，分别让小白鼠大脑的不同部分受到损伤，最终发现视交叉上核受到损伤的小白鼠丧失了昼夜节奏。

也就是说，小白鼠睡眠、吃饭、饮水的时间都紊乱了。

由此我们得知，动物的体内时钟位于视交叉上核。

视交叉上核是体温、血压、睡眠的节奏起搏器。例如，前面我们提到的褪黑素，它在什么时候分泌，也是由视交叉上核控制的。

褪黑素是由大脑内的松果体分泌的。临近睡眠时间，视交叉上核就会给松果体发出信号。然后，接收到信号的松果体就会分泌出褪黑素。

虽然不能对人的大脑进行同样的实验，但人的体内时钟毫无疑问也位于视交叉上核。

蛋白质充当了钟摆的角色

那么，视交叉上核是如何来计时的呢？

机械钟表通过钟摆和指针来计时，而体内时钟则是通过细胞内的蛋白质。

由于有掌控 24 小时节奏的“时钟遗传基因”的存在，细胞内形成了某种蛋白质。

这种蛋白质有一种非常有趣的特性。如果这种蛋白质在细胞内产生过多，就会抑制时钟遗传基因的功能，然后渐渐减少自身数量，以保持正常工作。而如果减少过多，就又会增加自身数量，以保持正常工作。

这与钟摆的运动十分相似。钟摆会摆过中心点，摆向一个方向，然后再次摆过中心点，摆向相反的方向。

而控制体内时钟的蛋白质，会在量过多后减少，量过少后再增加。这样的1个周期，大约为24小时。

为什么生物的构造会是这样呢？细细想来，真是不可思议啊！

肝脏也有自己的时钟

事实上，除了视交叉上核以外，其他组织内也存在着体内时钟。体内时钟不仅控制着视交叉上核，也控制着体内所有的细胞。

掌控24小时节奏的时钟遗传基因不止一种。

这些时钟遗传基因，也存在于视交叉上核以外的组织内。

哎呀，变得有点复杂了啊！接下来，我们将围绕遗传基因进行说明。

遗传基因承载着各自特有的遗传信息。有了这些遗传信息，就可以制造蛋白质。人们常常认为，遗传基因就是父母遗传给孩子的特征，却忽略了遗传基因最重要的功能——制造蛋白质。

以遗传基因的信息为基础，能制造出具有一定特征的蛋白质。说到这里，大家应该明白了，遗传基因就是众所周知的DNA（脱氧核糖核酸）。

接下来，我们言归正传。研究发现，以24小时为周期工作的时钟遗传基因，也存在于肝脏内。

而且，肝脏内的时钟遗传基因与视交叉上核的时钟遗传基因所掌控的节奏不同，是独立存在和运转的。

究其原因，我们发现，视交叉上核会依据光来调节昼夜节奏，而肝脏则会依据进食时间来调节昼夜节奏。

总之，如果进食时间不规律，那么只有肝脏会发挥其特有的作用，对昼夜节奏进行调节。

这样一来，身体的确会吃不消。所以吃夜宵还是适可而止吧！

为什么会因为时差而犯困呢?

乘船旅行不会因为时差而犯困

在昭和初期以前，去海外旅行对平民来说简直是一个遥不可及的梦想。

然而，如今的日本，每年有超过 1700 万的人去海外旅行。时代发生了变化。

一说起海外旅行，就不得不提到“时差反应”的现象。

在沿南北方向移动时，并不会因为时差而犯困。因为，南北方向的纬度变化并不会产生时差。

只有在沿东西方向移动时，才会出现因为时差而犯困的现象。如果前往有好多个小时的时差的地方，这种反应尤为显著。

而且，时差反应只在乘坐飞机时才会出现。坐豪华客轮的乘客则不会出现这种情况。

总之，只有沿东西方向且高速移动的情况下，才会出现时差反应。在英语中，因为时差而犯困的现象被称作“jet lag”。而乘船旅行时，人们则能够适应那种缓慢的变化。

经常值夜班的人也容易出现时差反应

时差反应的症状因人而异，有困倦、失眠、食欲不振、恶心、头痛、疲劳等。

最普遍的是困倦、失眠等睡眠障碍。这是由于体内时钟和当地时间产生差异而出现的症状。

体内时钟还处于白昼，实际时间却已到夜晚。相反地，也可能体内时钟还处于夜晚，实际时间却已到白昼。

如此一来，实际时间明明是白昼，却有睡意不断袭来；到了夜晚反倒精神抖擞。

除此之外，时差反应还可能导致重大事故。

而且，时差反应不仅仅出现在海外旅行中。最近，在 24 小时营业的便利店等工作场所值夜班的员工中，这种症状也渐渐增多。

他们从事着高强度的夜间工作，导致睡眠节奏紊乱，出现了跟时差反应几乎相同的睡眠障碍。

时差反应的防治方法

那么，我们如何才能有效地防治时差反应呢？

海外旅行时，我们可能从日本向东方行进（美国方向），也可能从日本向西方行进（欧洲方向）。

向这两个不同的方向行进，分别有不同的应对策略。

一般来说，与前往西方时相比，前往东方时的时差反应会更加严重。如果没有什么应对措施的话，如果时差有 10 小时，因此出现的时差反应需要 10 天左右才能完全消失。

在前往东方旅行时，因为时间是“往回走的”，所以我们必须将体内时钟往前调一点。

换句话说，我们需要将起床时间和就寝时间提前。

而且，如果起床后马上“沐浴”30 分钟的亮光，则效果会比较明显。这样做可以保证早早醒来。同时，也需要将早饭和晚饭的时间提前一些。

如此反复，时差反应就会消除。

如果时差反应无论如何也无法消除，也可以服用一些含有褪黑素的保健品。

褪黑素有助于改善睡眠，一到夜间，人体就会大量分泌这种物质。

出现时差反应时服用褪黑素，有助于自然入眠。

而前往西方旅行时，我们则需要将体内时钟往后调一点。

也就是说，需要将起床时间和就寝时间延后。因此，可以睡觉前沐浴明光，以缓解时差反应。

我们的大脑内是否有计时器?

我们的大脑可以判断时间的长短

即使不看钟表，我们也能够判断出 30 秒和 1 分钟哪个更长。

我们的大脑内如同有计时器一般。

曾有人试图通过实验探寻这“计时器”究竟在大脑的什么位置。

现在，我们可以通过一种叫作 MRI（磁共振成像）的装置，来研究大脑功能。

顺便提一句，我们在医院做检查时用的就是 MRI 装置。想必有不少人接触过这种装置吧。MRI 主要用于脑梗死以及各种肿瘤的诊断。

MRI 的原理是，利用磁场与人体内氢元素的原子核的共振，产生电波，得到分布图像。

这样说可能很难理解，接下来我们详细说明一下。

氢原子由原子核（1 个质子）和 1 个电子构成。通常情况下，各个氢原子核的自旋是无规律的。

你可以想象一下氢原子核像陀螺一样旋转。

一旦产生磁场，本来毫无规律的氢原子核的自旋就会都顺着同一个方向。一旦磁场消失，则又会恢复到原来的状态。

由于这种恢复速度会因体内组织的不同而产生差异，我们可以把恢复速度图像化。

MRI 与 CT（计算机层析成像）不同，MRI 不使用放射线，所以没有辐射的问题。

fMRI（功能性磁共振成像）与 MRI 原理相同，主要用于脑部，可检测脑内血流量的变化等。

fMRI 可以在不损伤大脑的前提下对脑功能进行检测，因此被广泛应用于临床。

计时器在大脑的什么位置?

美国脑神经学者斯蒂芬·拉奥及其团队曾做过一个实

验，使用 fMRI 探究大脑中的计时器究竟在什么位置。

实验时，先让被实验者听两个较短的声音，然后检测这两个声音的间隔被大脑的哪一部分所感知。

具体做法是，先后发出两次“噗”的声音，前后间隔 1.2 秒。如此重复两次，前后间隔分别是 1.32 秒和 1.08 秒。

然后请被实验者判断每次时间间隔的长短。

如果感觉时间间隔变长了，就用食指按键；如果感觉时间间隔变短了，就用中指按键。

同时，通过 fMRI 来检测被实验者大脑的状态。由此发现，判断声音间隔的长短时，大脑的基底核部分非常活跃。

斯蒂芬 · 拉奥的团队还进行了让被实验者判断音调高低的实验，得到了同样的结果：大脑的基底核部分还是非常活跃。

上述实验表明，大脑内的基底核是判断时间的计时器。

基底核位于大脑皮质和脑干相连接处，与运动功能密切相关。

例如，表现为运动功能障碍的帕金森病，就是由基底核内缺少多巴胺引起的。

斯蒂芬 · 拉奥的团队还发现，在上述实验中，只有右脑的基底核在工作，而左脑的基底核则处于不工作的状态。一般来说，右脑是与音乐相关的部位。

而且，他们还发现，在听音乐时，我们的大脑基底核和小脑都处于活跃状态。

可见，大脑内的基底核是与听音乐、处理时间间隔的活动相关联的。

不同的动物
会感觉到不同的时间吗?

体重越大，感觉到的时间越长

动物有很多种，既有老鼠那样的小动物，也有大象那样庞大的动物。

动物都有适应自己身体大小的活动方式。老鼠身形较小，行动迅速敏捷；与老鼠不同，大象则是慢悠悠地行走。

动物学家本川达雄认为，动物的体重与它们感觉到的时间长短关系密切。

体重越大，感觉到的时间越长，做任何事情都会耗费时间。

还有人针对体重与心脏跳动间隔的关系做了调查，发现如果体重增加至原先的 16 倍，那么心脏跳动间隔会延长至原先的 2 倍。

有趣的是，与体重的增加相比，心脏跳动间隔的延长要缓慢不少。

心脏跳动间隔、呼吸间隔、血液在体内循环一次的时间、食物从摄入到排出体外的时间等，都大致符合这个比例。

老鼠有老鼠的时间，大象有大象的时间

身形较小的老鼠的心跳约每分钟 600 次，而身形高大的大象的心跳约每分钟 20 次。

不仅如此，像怀孕时间、长至成年的时间、性成熟的时间等，都是大象的较长，老鼠的较短。

这是多么不可思议啊！

由此我们可以看出，老鼠这样的小型动物对时间的感知和大象这样的大型动物对时间的感知是不同的。

一般认为，像老鼠这样行动敏捷的动物，其“心理时间”过得比较快，而像大象这样行动迟缓的动物，其“心理时间”过得比较慢。

实际上，不管是老鼠还是大象，我们都无法得知它们究竟是什么感觉。但是，通过观察它们的活动，我们仿佛

可以知道它们的感觉，这真是太神奇了。

老鼠有老鼠的时间，大象有大象的时间，人也有人的时间。如此想来，也是一件不错的事。

身形大小与寿命长短的关系

事实上，身形大小与寿命长短也有关。

前面提到的本川教授认为，哺乳动物在一生中心脏跳动次数约为 20 亿次。

正因如此，老鼠只有几年的寿命。

而像大象这样心跳缓慢的动物，心跳 20 亿次需要很长时间。

所以，大象可以活到近 100 岁。

不过，即使这样，也不能说老鼠的一生就是短暂的。

老鼠有作为老鼠的“快节奏”生活，在生活经历上丝毫不输给大象。

可以说，不管是老鼠还是大象，这一生幸福与否，是不能仅仅用寿命来衡量的。

话虽如此，身形大小决定了动物的寿命长短，这一理论还是让人觉得不可思议。

为什么樱花总是每年春季盛开呢？

樱花的温度传感器

每年春天到来时，电视上就会播出“樱花开花时间预测”。对日本人来说，樱花是一种特别的象征。在赏樱胜地，游客络绎不绝，呈现出一片热闹非凡的景象。

此时正是一年的开始，对学生和职员来说，也是一个好时候，樱花盛开之景令人流连忘返。如果没有樱花，日本的春天该是多么冷清寂寞啊！

不过，为什么樱花每年春天都会开花呢？它们如何知晓春天的来临呢？

人类可以通过日历和天气预报来预测开花时间，可樱花没有这些手段。

而且樱花也没有像人类那样的感官，它们是如何察觉到春天的呢?

凛凛寒冬去，春暖樱花开。我们可以推测，樱花用了特别的方法，感觉到了冬寒已去、春暖已至，然后绽放花苞。

也就是说，它们有像“温度传感器”一样的东西。

虽然我们还不知道温度传感器位于樱花的哪个部位，但大致可以推测它位于含苞待放的花芽中。

开花与温度的关系

樱花凋谢后，花芽开始分化，并在低温时期进入自然休眠状态。春回大地之后，花芽会停止休眠，急速生长，直至开花。

樱花的开花时间预测，就是根据低温时期的长度、升温的速度等推算出来的。

此外，有些品种的樱花会在春天还没有到来时就不合时令地开花。如果低温时期持续过久，气温突然回升，也会出现虽在冬日却有樱花绽放的情景。

事实上，花芽之所以会休眠，是因为叶内分泌了一种引导休眠、抑制开花的物质。因此，在气象异常或虫害等情况下，叶子会没到落叶时期就凋落，樱花也会不合时令地开花。

不过话说回来，春天到来时绽放的樱花才是最美好的。

短日植物和长日植物

不只是樱花，其他植物也有决定花期的传感器。

植物通过传感器感知日照时间和温度，由此决定花期。

像大波斯菊、菊花、水稻等，会在白昼的日照时间变短后开花。这些植物被称为“短日植物”。

实际上，与其说这些植物会在感知到日照时间变短后开花，倒不如说它们会在感知到夜晚变长后开花。

因为这是以白昼的长短为基准得出的结论，所以这些植物被命名为“短日植物”。

小时候放暑假时，肯定有不少人种过牵牛花。牵牛花就是短日植物的代表。

牵牛花的花期在夏至过后的 7 月到 9 月之间。夏至那天，白昼最长，夜晚最短。

牵牛花通过自己的叶子，感知到夜晚变长，分泌出某种植物激素，从而绽放。

每当想到我们身边的植物中有不少和牵牛花一样具有这种复杂的结构，我就不免感叹大自然的神奇。

也有一些植物与牵牛花不同，在日照时间变长后才绽放，它们被称为“长日植物”。毫无疑问，这些植物会在感知到夜晚变短后开花。油菜花、萝卜和菠菜是长日植物的代表。

第三章

我们应该如何决定1秒的长短呢？

亚里士多德的思考

对时间感兴趣的哲学家

现在，让我们用哲学的方式来思考一下有关时间的问题。不过我不打算展开晦涩难懂的讨论。自古以来，有许多哲学家都进行过有关时间的思考。亚里士多德就是其中之一。

亚里士多德生于公元前 4 世纪的古马其顿王国斯塔基拉地区，是一个医生的儿子。

他在 17 岁的时候，前往雅典，进入柏拉图学院学习。

亚里士多德潜心研读柏拉图学院的藏书，成了最用功的学生，不久后便担任了校长柏拉图的助手。

然而，柏拉图死后，柏拉图的外甥斯珀西波斯就任校长。亚里士多德离开了柏拉图学院，和朋友泰奥弗拉斯托斯一起，奔赴小亚细亚的阿索斯，创立了自己的学院。

之后，他返回了马其顿，成了家庭教师，他的学生就是后来的亚历山大大帝。晚年，亚里士多德又返回了雅典，创立了吕克昂学院。

亚里士多德的成就体现在很多领域。现在，光是他留存下来的著作，就涉及了哲学、逻辑学、物理学、心理学、生物学、伦理学、政治学等。

亚里士多德所构筑的体系，后来传播至中世纪，与基督教联系在一起，产生了经院哲学。

亚里士多德所思考的时间

亚里士多德对时间表现出了极大的兴趣。

在《物理学》一书中，他对时间做了如下描述。

“时间，就是联系以前和以后的动态的数字。”

这可能有点不好理解。

我们之所以能感觉到“时间的流逝”，是因为我们感觉到从“以前”到了“以后”。

亚里士多德认为，将“以前”和“以后”区分开的就是“现在”。所谓的“以前”，就是比“现在”更往前的时间；所谓的“以后”，就是比“现在”更往后的时间。

“现在”会从“以前”移动到“以后”，“现在”移动的距离也就是“时间”了。

时间是变化的数字

这可能有点难以理解，不过我们可以将这里所说的“变化”类比成物体的运动。

正是这个变化的数字，被我们称为“时间”。

亚里士多德认为，我们可以通过运动和变化，来了解时间。

我们可以在一定程度上理解这一点。

我们可以从自来水管里不停落下的水滴感受到时间的流逝。此外，我们看着鸟儿正在飞翔、人正在行走、车正在行驶，都能感觉到时间在流逝。

更直接的方法是，看着时钟的秒针移动，便能感觉到时间正在流逝。

过去的人可以通过太阳的运动和月亮的盈缺来感受时间的流逝。

如此说来，我们确实可以根据物体的运动和变化来感受时间流逝。

那么，如果有一间既没有窗户、也没有任何物品的房间，我们在里面能感受到时间正在流逝吗?

怎么样?试着想象一下吧。

果然不能感觉到时间的流逝了吧?那是因为，我们会不由自主地认为“时间是前进着的东西”。

至于没有这些知识的古代人，他们的感觉会如何呢?这正是我感兴趣的地方。

不过，即使房间内没有变化，我们自己的身体里也有体内时钟，心脏一直在跳动，呼吸一直在进行，肚子也会变饿。我们的身体一直在变化。

所以说，要创造出一个严格意义上的“没有变化的房间”，其实是很困难的呢。

我的想象越来越发散了。亚里士多德在古代就深入地研究了时间，可以说真的很伟大了。

亚里士多德认为的“现在”

亚里士多德认为，“现在”不仅仅是时间的一部分。

所谓“现在”，是用来区别过去和未来的东西。

因此，与其说“现在”是某段时间的起始，或是某段时间的终止，不如说它是让时间连续起来的东西。

这可能有点难以理解。我们可以将“现在”视为一个时间点，每一个时间点都是同样的“现在”。不过，所有的“现在”都是通过“以前”和“以后”的关系来确定的。

也就是说，“现在”会接二连三地出现，总是新的，每一个“现在”都与其他的任何一个不同。

亚里士多德认为，“现在”正是这样具有双重性质的东西。

换句话说，在某种意义上，每个“现在”都相同，但在另一种意义上，每个“现在”都不同。

芝诺悖论

阿喀琉斯和乌龟

世界上总有人会想到别人想不到的道理。

公元前 5 世纪的古希腊哲学家芝诺就是这样一个人。

芝诺提出了 4 个看似不合常理的悖论。

所谓悖论，就是反常理的说法，听上去很有道理，却会得出难以置信的结论。

其中最有名的悖论就是“阿喀琉斯和乌龟”。

阿喀琉斯因为跑得很快而闻名，而乌龟爬得很慢。如果让阿喀琉斯和乌龟赛跑的话，会怎么样呢？

因为乌龟爬得很慢，所以让它先出发。阿喀琉斯随后出发，去追乌龟。虽然阿喀琉斯可以很快到达乌龟到达过的地点，但是在这个时刻，乌龟又已经跑到前面去了。

如此反复，我们会发现，尽管阿喀琉斯总是快要追上乌龟了，但他总是会还差一点点。

在现实中，阿喀琉斯能追上乌龟，这本是很显然的事情。但要在理论上推翻这个悖论，却相当困难。

其他的悖论还有“二分法”“竞技场”等，这里就不赘述了。

飞矢不动

芝诺提出的悖论里，与时间有关系的还有“飞矢不动”悖论。

芝诺认为，如果仔细地观察正在飞行的箭，会发现它在现在这个瞬间是静止的，在下一个瞬间也是静止的。由此看来，任何一个瞬间箭都是静止的，所以箭是不会飞起来的。

如果试着用高速相机连续地将飞行的箭拍下来，就能拍下很多“静止的箭”的照片了吧。

然而，无论将多少张静止的箭的照片放在一起，也不会变成正在飞的箭。

●飞矢不动悖论

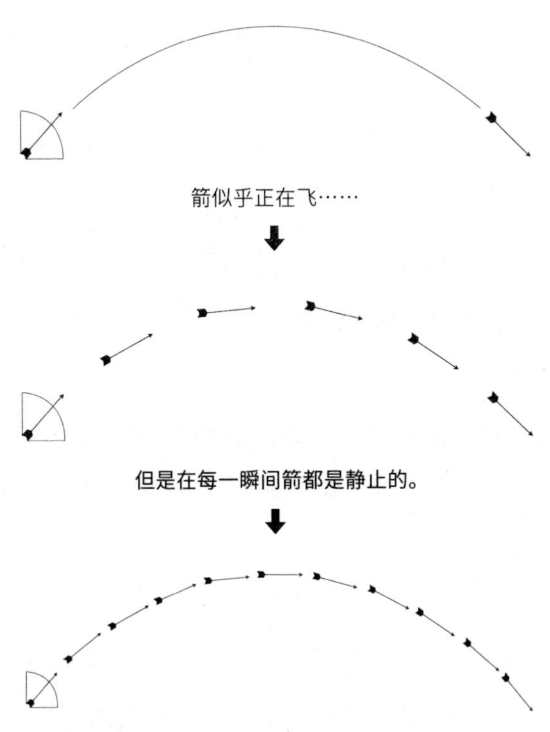

即使将很多静止的箭放在一起，箭也不会飞起来。

可是，实际上箭正在飞。

芝诺所说的“每一瞬间”究竟是什么呢？

直到现在也没有明确的答案。

一瞬间到底是什么？

虽然这听上去有点道理，可实际上箭是可以飞起来的。

飞矢不动悖论看似简单，但在哲学层面上却是相当难的问题了。

芝诺所说的一瞬间（每一瞬间的箭都是静止的），到底是什么呢？

我们平时随口就会说出“一瞬间”这个词，但是没有深入思考过这个词的含义吧。

时间要被分割成多短，才能被称为一瞬间呢？

我们平时经常把时间当成一条从过去到未来的直线来理解。

一条直线无论被分割成多少份，所谓“最短的长度”都是不存在的。不论分割成多短，都是有长度的线段。由此类推，无论将时间分割成多少份，“最短的时间”都是不存在的吧。

那么，芝诺所说的一瞬间到底是什么呢？我们不由得要怀疑“一瞬间”本身的定义了。

由此，我们也明白了用常理思考飞矢不动悖论是行不通的。与其说芝诺所说的一瞬间是存在的，不如说他在我们日常的时间概念里投进了一颗石头。

所谓的“时间之箭”是指什么？

覆水难收

俗话说“覆水难收”，意思是洒出去的水是不能收回的。换句话说，干过的事情就不能再后悔了。

这是谁都心里有数的事情吧。我认为总是说“糟糕，要是没干那件事就好了”，就是马后炮的行为了。

说了无心之言而惹女朋友生气的男性，无论多么后悔，也不能把说过的话收回了。

就算能倒回去一次，也不能挽回什么。这种情况下，只有向女朋友道歉啦。

即使道歉了也不能获得原谅的情况下，就这么分手了也是有可能的。

只因为一句话便无可挽回了——能回到过去重来一次就好了，但是这是实现不了的。

时间从过去流向未来

时间，在通常情况下从过去流向未来，不会反方向流动。

英国的天文学家及物理学家亚瑟·爱丁顿将这一现象称为“时间之箭”——时间总是从过去向未来单向流动的。

无意间掉到地板上摔碎的玻璃杯，不会自然地恢复到以前的形状。

如果将玻璃杯摔碎的过程拍摄下来，再把拍摄下来的影像倒放的话，摔碎的玻璃杯就能恢复到以前的形状了。

可是，自然界中不会发生这样的事情。

换句话说，时间是“不可逆的”，不像拍摄下来的影像那样可以倒放。

“时间之箭”和熵

那么，为何时间总是从过去向未来不可逆地流动呢？

实际上，这个“时间之箭”的问题，要用物理学来解释也是很困难的。

要解释“时间之箭”，需要运用“熵”的概念。

熵，听起来是不是有点耳熟呢？

简而言之，熵就是“无秩序的程度”。物体在整整齐齐的时候，熵就很小，散乱的时候，熵就变大了。

用牛奶咖啡来举个例子吧。最开始，咖啡和牛奶是完全分开的东西。这是保持秩序的状态。

但是，如果将牛奶倒入咖啡中混合，咖啡和牛奶就渐渐区分不开了。也就是说，渐渐变得没有秩序了。

因此，把咖啡和牛奶变成了牛奶咖啡，就是熵变大了。

此外，如果在装着热水的锅中放入装着冷水的玻璃杯，不用从外部加热，经过一段时间后，锅里的热水和玻璃杯里的冷水就会变成相同的温度。

这当然也是熵的增大。

从更宏观的角度来看，这个宇宙的熵也时时刻刻在增大。

我们再从更宏观的角度来看，宇宙正在持续地膨胀。在持续膨胀的宇宙中，各个地方的温度也在逐渐变得相同。

也就是说，连宇宙也在朝着熵逐渐增大的方向发展。

如果全宇宙都变成相同的温度（即热量不再发生移

动），我们称之为“热寂”，并认为那将是宇宙的终结。

综上所述，对自然界来说，随着时间的流逝，熵在逐渐增大，而且不可逆。

我们称之为“熵增原理”。

由此也可以看出，“时间之箭”是单方向的。

我们怎样决定 1 秒的长短呢?

时间的标准是地球的自转速度

说起 1 秒，它只是一瞬间，但在世界上存在着为了那 1 秒而投入全部精力的人们。比如，在运动的世界里，在陆上竞技和游泳等项目中，会为了争夺那 1 秒而展开非常激烈的比赛。

不，岂止是 1 秒。甚至连 0.1 秒的不同，都会决定一场比赛的胜负。虽然只有 1 秒，但对选手来说，1 秒的差别就是决定胜负的关键。

那么，1 秒的长短是怎样被决定的呢？应该根据什么样的标准来决定呢？

最开始，这个标准是地球的自转速度。地球自转一周的时间是 24 小时，把它平分成 24 份，就能得出 1 小时的长短。

由此可以得出，把 1 小时平分成 60 份就是 1 分钟的长短，把 1 分钟平分成 60 份就是 1 秒的长短。

综上所述，1 秒的长短是由 1 天 24 小时的长短逆推得出的。

后来，以原子的振动作为标准

然而，人们虽然将地球的自转作为时间的标准，但也开始了解到它并不那么可靠。因为地球并不是一直匀速自转的。

也就是说，人们明白了将地球的自转作为时间的标准并不可靠。

此时，人们需要更加精确的时间标准。到底什么才能作为更加精确的时间标准呢？

那就是“原子的振动”。

所谓原子，就是构成所有物质的最原始的单位，比如氢原子、氧原子、碳原子等。

通过各种各样的原子组合，可以构成不同的物质。你应该知道，2个氢原子和1个氧原子结合起来，就会变成水。

迄今为止我们发现的原子有100多种，在它们当中，有刻着非常精确的时间的原子。

这个可以作为时间标准的原子被称作“原子钟”。

铯133

现在，铯被用来作为时间标准。咦，这种东西好像在哪里听到过呢。是的，福岛第一核电站事故发生时，所释放出的放射性物质中就有铯。人们对于铯恐怕没有什么好印象吧。

然而，在你想不到的地方，铯可是大有用处呢。

铯有很多种，被作为原子钟使用的是铯133。

铯133虽然是稳定的原子，可一旦遇到微波，就会变得非常活跃。人们将它振动91亿9263万1770次所用的时间定义为1秒。

这似乎是个离我们很遥远的数字呢。

顺便说下，在《计量单位准则》中，1秒的定义是这样的：

“铯133原子基态的超精细能级之间的跃迁所对应的

辐射的 91 亿 9263 万 1770 个周期所持续的时间。”

真难理解呀！

总而言之，现在我们由铯 133 原子决定了 1 秒的长短，它的 60 倍就是 1 分钟，3600 倍就是 1 小时。

这种铯 133 原子钟虽然非常精准，但每 1 亿年还是会有 1 秒的误差。

人类的探索之心是没有极限的。如今，更加精确的时钟正在开发中。

比如说，利用光的频率的“光子时钟”。日本的香取秀俊教授正在开发这种时钟，即使经过 100 亿年，它也只会产生不到 1 秒的误差。

让我们期待它成为铯 133 原子钟之后的“时间标准”吧。

远古时，1 天并非 24 小时

地球的自转速度在逐渐变慢

所谓的 1 天有 24 小时，是由地球的自转速度决定的（准确来说，地球自转一周大约是 23 小时 56 分 4 秒）。但是根据前面所述，我们知道地球的自转速度并不是恒定的。

实际上，地球的自转速度正在逐渐变得缓慢。这意味着，如果追溯回去，远古时代的地球比现在的地球转得更快。

各种证据表明，在 5 亿年前，地球上的 1 天竟然只有 21 个小时。

如果现在的 1 天只有 21 个小时的话，我们会变得相当忙碌了吧。

地球自转变慢的首要原因是“潮汐摩擦”。众所周知，潮水有涨退，因此海水和海底会产生摩擦，由于这个摩擦力，地球的自转速度变得缓慢了。

那么地球的自转速度到底以什么样的速度在变慢呢？有数据显示，地球自转一周的时间大约每100年慢2毫秒。

所谓的1毫秒，就是1秒的千分之一。按照这个速度，10万年后，地球自转一周的时间会比现在慢2秒；1亿8000万年后，地球自转一周的时间会变成25个小时。也就是说，那时地球上1天就变成了25个小时。

那是非常遥远的未来，说起来也许跟我们没什么关系了……毕竟到那时，人类不一定还存在呢。

12这个数字

先不提遥远的未来，现在的我们，过着每天24小时的生活。我们制订某一天的计划，都是以每天24小时为标准的。

然而，为什么规定1天是24小时，1小时是60分钟，1分钟是60秒呢？比如，可以把1天划分成20小时啦，把1小时划分成100分钟啦，可以有各种各样的划分方法。

虽然我们已经习惯了10进制，但时间用的是12进制和60进制。其实，比起10进制，12进制和60进制拥有更悠久的历史。

为什么会产生12进制呢?

在过去，人们知道月亮大约每30天就会盈缺1次，还知道月亮盈缺12次，就是1年。

因此，12这个数字是非常重要的。

而且，12进制有个优点，那就是12可以被2、3、4、6整除。而在10进制中，10只可以被2和5整除。

所以说，考虑到实用性，12进制、60进制比10进制更加优越。

古埃及人把1天定为24小时

将1天定为24小时，是从什么时候开始的呢?古埃及人将白天和夜晚各分割成12个小时。据记载，最初白天被分割成昼间的10个小时和黎明的2个小时。

那个时候，人们通过日晷来测定昼间的时间，通过星座的移动来测定夜间的时间。

此外，那时的古巴比伦尼亚人采用60进制。因此，他们将1天分为60份，然后将每份再分为60份。

这么细的分割法真是不得了。

总之，可以说将1天定为24小时的做法起源于古埃及，而在时间单位上采用60进制的做法则起源于古巴比伦尼亚。

不过，在历史的长河中，还有对时间的12进制、60进制进行改革的举动。

那就是法国大革命。革命政府竟然要将时间改为10进制。也就是说，把1天改成10小时、1小时改成100分钟、1分钟改成100秒。

结果，这项改革由于不实用，很快就成了一份弃案……不过直到现在，在法国还留有同时拥有10进制表盘和12进制表盘的时钟。

太阳历和太阴历有什么不同？

“满”月与“虚”月

现在我们使用的日历是太阳历。与之相对，大家应该听说过太阴历吧。

稍微思考一下这两种日历的不同，我们似乎既有点了解，又不太了解。

太阴历基于月亮的盈缺来决定 1 个月的长短。具体来说，从新月之日到下个新月之日的时间，就是 1 个月。

按这种方法，平均每 29.5 天为 1 个月，12 个月为 1 年。

在古代，人们将最初发现的新月之日，作为 1 个月的开始。但是，总会有因天气不好而不能观测月亮的日子。

因此，如果某个月的 29 日结束时天气不好，无法观测到新月，就直接将下个夜晚的月亮视为新月，作为下个月的开始。这样的话，就不会有超过 30 天的月份了。

现在的犹太历和伊斯兰历就是太阴历，不过将有 30 日的“满”月和有 29 日的“虚”月交替使用，1 年为 354 天。

通过“闰月”来校正误差

但是，这样就比太阳历的 1 年少了 11 天呢。放任不管的话，日历和实际的季节就不吻合了。

解决方法就是，引入“闰月”来校正误差。

在古巴比伦尼亚，人们采用每 19 年增加 7 次闰月的方法。这种方法由公元前 5 世纪的希腊天文学家默冬设计，被称为“默冬周期”。

现在的犹太历仍然在使用这种方法。

此外，像这样利用闰月进行校正的太阴历，又被称为“太阴太阳历”。

所谓的太阴太阳历，既观测月亮的盈缺，又观测太阳的运动，这和纯粹的太阴历不同。

儒略历与格里历

一般来说，太阳历的依据是地球绕太阳公转的周期，1 年 365 天，和月份的长短、月亮的盈缺没有关系。

早期的太阳历将太阳到达天空某一特定点的时刻作为 1 年的开始。

问题来了，地球的公转周期不是刚好 365 天，稍微有些长。现在的公转周期约为 365.24219 天。

也就是说，放任不管的话，长年累月地累积下去，日历和季节就不吻合了。

在古罗马，虽然人们使用太阴太阳历，但尤利乌斯·恺撒进行了日历改换。这就是现在广为人知的儒略历。儒略历的第一年是公元前 45 年。

不过，恺撒本来下令每 4 年引入 1 次闰月，但是不知为何被误解成了 3 年引入 1 次。好在之后被修正了。

顺便说一下，现在 2 月份有 28 天，是因为儒略历受罗马历的影响，1 个月有 29 天或 31 天——当时的人们认为偶数不吉利。

本来，1 年只有 10 个月，现在的 1 月和 2 月是后来被加上去的。最开始，2 月在 1 年的最后，因为要调整 1 年中的天数，就只有 2 月是 28 天了。

然而，尽管儒略历中每 4 年引入 1 次闰月，但每年还是会有大约 11 分钟的误差。虽然误差很小，但是长年累月下来，日历和季节就会不吻合。

我们现在正在使用的格里历登场了，像 1900 年这样后两位是“00”的年份就不再作为闰年了。不过，像 2000 年这样能被 400 整除的年份仍是闰年。

日光、水、线香是用来计时的工具？

“日晷”的发明

我们人类是如何知道时间的呢？首先让人感觉到时间的就是天体的运行了吧。

首先，是太阳的运动。从日出到日落，太阳在空中运动。人们根据太阳的位置便知道了时间。

当然，并不是太阳在运动，而是地球在自转，让我们感觉太阳在运动。

不过，直接用眼睛看太阳是非常危险的行为。了解太阳的运动，更好的方法是测量在太阳照射下所产生的影子的运动。

最简单的方法是将一根棍子立在地上，根据影子的移动便可以知道时间了。这就是“日晷”的原理了。

如此这般，便能粗略知晓时间的流逝了。对很早以前的古人来说，知道大致的时间就已经够用了。

但是，使用日晷无法知道更精确的以分钟为单位的时间。人们需要更加精确的时钟。

“水钟”的发明

此时，人们将目光投向了水流。水龙头没有拧紧的话，水滴会以一定的速度滴落。水钟就利用了这一点。

将水倒入容器，在容器底部开个小孔，水就会以一定的速度流出来。

所谓“水钟”，就是在容器上标好刻度，通过容器中水的剩余情况来测量时间的仪器。

水钟虽然不能像日晷一样测量几小时长的时间，但可以测量以分钟为单位的时间。

现在日本还保留着奈良时代的水钟。

不过，水钟也有缺点。容器中水很多的时候，水会快速地滴落，容器中水变少之后，水滴落的速度就会变慢了。

为了让水流保持稳定，人们不得不经常往容器中注水，以保证容器中总有一定量的水。可这样的话，就需要一直有人守着水钟。

于是，人们将许多个容器叠到一起，从上到下依次存水。这样的话，即使没有人守着它往里注水，水流也能在某种程度上保持稳定。

沙漏和“线香钟”

沙漏可以比水钟更精确地测出时间。大家都熟知的是葫芦形沙漏。沙漏虽然不适合长时间的测量，但是用于测量短时间的话比较准确。

除此之外，在日本的江户时代，线香由于燃烧时间是一定的，被用作“线香钟”。

线香被用来测算私塾的上课时间和艺伎的工作时间。尤其是艺伎的收入，就是通过线香钟推算出来的，所以“线香费”也用来指小费。

通过摆锤的往返次数来测算时间

除了利用太阳、水和沙子等的时钟，世上还出现了机械时钟。

著名的天才物理学家伽利略，观察到了教会的吊灯的摇动。他发现，无论吊灯大幅度地摆动还是小幅度地摆动，摆动 1 次所花费的时间都是一样的。

也就是说，我们可以通过摆锤的往返次数来计算时间。

当然，如果放任摆锤的摇摆不管的话，摆锤就会停止了，这样的话就不能够用作时钟了。

由此，把发条与摆锤相结合的“发条钟”就被发明出来了。将发条用力拧紧，就可以让摆锤在一定的时间里摇摆。

关键就在于通过发条的力量使摆锤运动。上了年纪的人，应该都干过在家里给发条钟拧发条的事吧。

就这样，钟表从利用自然力的时钟开始，向人工的机械时钟进化了。

古时的日本人是通过什么方式来知道时间的呢?

“明六时”和“暮六时”

看古装剧的时候，我们会听到这样的对话：“现在什么时辰了？”“八个时辰了。”

这“八个时辰”到底是什么意思呢？

在江户时代，日出的时间被称为“明六时”，日落的时间被称为“暮六时”。从明六时到暮六时的白天的时间，以及暮六时到明六时的夜晚的时间，分别被等分成了 6 份。

也就是说，以现在的时间来看，过去的“一个时辰”大约相当于现在的 2 个小时。

时辰的叫法，从明六时开始，依次叫作“五个时辰”“四个时辰”，不知为何，接下来则叫作“九个时辰”“八个时辰”“七个时辰”。所谓的九个时辰，大概是从上午 11 点到下午 1 点；所谓的八个时辰，大概是从下午 1 点到 3 点的下午茶时间。

落语中的《时荞麦》，讲的就是用江户时代特殊的计时方法构成了陷阱的故事。

这个故事讲的是有个食客总在结账时少付钱，他吃荞麦面的时间是在九个时辰（午夜 0 点左右）。另一个食客想模仿他占便宜，比他更早一些，在四个时辰（晚上 10 点左右）的时候去吃荞麦面，结果，在算账的时候反而多付了钱。

也就是说，前者在支付账单上的十六文钱时，说道：“一、二、三、四、五、六、七、八，现在几点了？”面店老板回答说：“九个时辰。”然后他继续数：“十、十一……十六。”这样数到十六文钱，便少付了一文钱。

而后者像前者一样数道：“一、二、三、四、五、六、七、八，现在几点了？”面店老板回答说：“四个时辰。”他便接着数：“五、六……十六。”这样数到十六文钱，结果多付了面钱。

此外，虽然有点麻烦，江户时代计时法还适用于十二支的读法，也可以说成“子刻”“丑刻”“寅刻”……而且，江户时代计时法把 1 刻分为 4 份。我们在鬼怪故事中经常听到的“丑三时草木皆眠”，指的是深夜 2 点到 2 点半。

●江户时代的“不定时法”

所谓的不定时法，就是白天从明六时（日出的时间）开始，到暮六时（日落的时间）结束，晚上从暮六时开

始，到明六时结束。

在昼夜长短不同的夏季和冬季会有1小时的差异。

江户时代的“不定时法”

不过，我们马上就能注意到，用这种方法，1小时的长短会随着季节的变化而变化。这是因为，在不同的季节，白天的长短和夜晚的长短不同。因此，人们采用了“不定时法”。

在现代，我们会觉得这种方法将导致很多不便，但在过去人们并不会争分夺秒地生活，所以不觉得对生活有什么特别的妨碍。

而且，由于日本列岛东边和西边的日出时间不同，不同的地方有不同的时间。

当时不是家家都有时钟。时钟属于贵重物品，只有名门和富商家里才有。

一般人想知道时间，要通过寺庙里敲响的钟。在上野的宽永寺中，还保留着钟，直到现在，人们还会在早、晚6点和正午时分敲响它。

在16世纪左右，机械时钟传入了日本，人们再次开始使用原来的定时法。为了让机械时钟与日本的不定时法结合，人们还以巧妙的构思做出了“和钟”。

针对不定时法中的昼夜长度不同这一点，和钟的指针可以随着昼夜长短变化而改变移动速度。

石英钟的构造是什么样的?

随时都能知道时间

在江户时代，只有名门和富商才能有时钟。后来，变成了每家都有，甚至在手表被发明之后每人都有了。

最开始的机械时钟通过摆锤的振动来测算时间，之后，人们使用一种叫作“摆轮”的小金属片来代替摆锤。根据摆轮的振动就能测算出时间，由此，时钟一下子就小型化了。

于是，类似怀表和手表之类的小型时钟也终于登场了。任何人在任何地方想知道时间的时候，都能知道时间了。这在时钟的历史中应该是值得铭记的事吧。

不管是谁都有了钟表，相应地可以说人们都变得守时了。

毕竟，在大家都没有钟表的时代，人们对待时间或多或少有些随意。

自动手表的发明

早期的手表是需要手动上发条的。不久后，不需要人工上发条的自动手表就被发明出来了。

这是具有划时代意义的东西。不需要人工上发条的话，弄错时间的情况也会减少。

即使是现在，不用更换电池的自动手表也非常受欢迎。我不知道现在怎么样了，但我听说在东南亚，人们将自动手表作为礼物，它比石英钟更受欢迎。

然而，自动手表每天会产生几十秒的误差。因此，需要经常通过电视台的报时进行调整。

因此，人们开始研发更加精准的时钟。由于自动手表使用了因卷曲程度不同而产生不同振动的发条，其精确度受到了限制。

人们注意到了水晶。众所周知，当电流通过水晶时，它会发生规律的振动。

从石英钟到“无线电钟”

这种利用水晶的钟表就是石英钟。所谓的石英就是水晶。使用水晶的钟表，就是石英钟。

石英钟用电池，不需要上发条，每月只有 15 秒到 25 秒的误差，很少需要校正时间。

现在，其精确度进一步上升，甚至可以做到每年只有 1 秒内的误差。

石英钟表的核心是“水晶振荡器”。在水晶薄片上，依靠电流通过产生“电压效果”，进而产生具有准确频率的振动。

在指针型石英钟中，该振动被用于指针的移动，在数字型钟表中，该振动被处理为电流，用来显示时刻。为了制造出误差更小的石英钟，人们需要超高精度的切割技术来切割水晶振荡器。为了提高切割技术，各家公司都在加快步伐。另外，也有使用两个水晶振荡器来提高精度的方法。

然而，水晶的缺点是其振动频率会随着温度变化。因此，还需要一种可以随着温度变化来校正时间的技术。

石英钟配备了一个可以自动校正时间的装置——“无

线电钟”。这是一种可以捕获通知标准时间的无线电来校正时刻的装置。在日本，通知标准时间的标准无线电由国家研究与发展公司的信息和通信技术研究所管理，从福岛局和九州局两个地方发射信号。

如今，越来越多的人通过智能手机来知道时间。智能手机中的时钟使用移动电话线路来校正时间，它符合“NITZ”（网络认证和时区），可以显示准确的时间。

指针表和电子表

电子表的登场

钟表有指针表和电子表之分。

指针表是用长针和短针在盘面上显示时间的钟表。过去的挂钟便是指针表的代表。相对地，电子表只显示数字时间。电子表还被用于电视上的时间显示和计算机上的时间显示。

现在我们可以在很多地方看到电子表。但是，仔细想一想，电子表的出现并不是很久远的事。

我们在很早以前就有指针表了。

而电子表在1972年才作为产品发售。

电子表的出现给当时的人们带来了震撼。这是多么时尚、多么实用的东西啊！

无论如何，电子表与指针表不同。它不是机械的，因此很轻，也不容易坏，很有吸引力。

最初电子表价格很高，让人觉得高不可攀。后来低价产品出现了，电子表变得广受喜爱。

各有千秋

指针表和电子表都既有优点，又有缺点。

在视觉上，指针表更容易让人理解，例如，要想知道在见面之前还有多长时间，看指针表会一目了然。相反地，从电子表上读取的话，则需要花费一些时间。

另一方面，电子表可以让人们立刻知道现在的时间是几时几分。

然而电子表不适合想要知道距约定时间还有多长时间的场合。虽然这不是什么困难的计算，但我们还是不得不在自己脑中计算时间。

时针为什么向右转

顺便说一下，指针表上的时针是向右转的。

虽然曾经有过时针向左转的表，但它只能作为一个笑话存在，真的太不实用了。

可是，为什么规定时针向右转呢？想起来真是不可思议。在这世上，也有向左转的情况啊。例如，在棒球比赛中，跑垒员就是绕着本垒向左跑。也就是说，他是逆时针跑的。

对观众来说这很自然。但为什么时针就是向右转的呢？对人类来说，向左转也是很自然的事。

为什么时针向右转呢？

大家普遍认同的说法是，这是因为在遥远的过去，日晷的指针的影子就是向右转的。

在人类发明的时钟里，日晷拥有最古老的历史。过去人们利用太阳的运动来知道时间的流逝。

但是，人们无法直接用眼睛观察太阳。所以，人们试图用太阳所产生的阴影来测量时间。

装置本身很简单。把棍子立在地上，根据棍子的影子的移动，在地面上做标记。

在北半球，棍子的影子会向右转。据说埃及在公元前4000年左右就开始使用日晷。后来日晷被传播到了世界各地，最终，当人们发明了机械钟表时，也让时针向右转了。日本也在北半球，日晷的指针的影子也是向右转的，钟表的时针向右转也就自然被接受了。然而，在南半球，日晷的指针的影子是向左转的。所以说，如果日晷是在南半球发明、在南半球传播的话，那么我们今天钟表的时针就很可能是向左转的了。

所谓的“闰秒”是什么?

地球绕太阳一周的时间，比 365 天稍微多一点

我们知道每 4 年会出现 1 次“闰年”，但“闰秒”是什么呢?

大家都知道闰年。因为日历中的 1 年 365 天和实际上地球绕太阳 1 周的时间稍有不一致，所以设立了闰年。

所谓的 1 年，就是地球绕太阳 1 周的时间。如果这个时间恰好是 1 年 365 天的话，就没有问题了，但是实际上地球绕太阳 1 周需要大约 365.24219 天。

粗略地说，大概是 365 天加上四分之一天。

虽然这只是一个小误差，但如果放任不管，4 年后就会差了 1 天，而且还会逐年变长。

为了纠正这个误差，人们设立了每 4 年 1 次的闰年。闰年里，2 月有 29 天，1 年有 366 天。

如果没有设立闰年的话，随着岁月的流逝，四季会变得错乱。

闰年的规则

那么，如何决定什么时候设立闰年呢？在许多国家采用的格里历中，闰年是可以被 4 整除的年份。

现在的闰年很容易记住，因为它刚好和夏季奥运会的年份一致。

在格里历中，有一个例外——能被 100 整除且不能被 400 整除的年份不是闰年，而是普通年份。

比如公元 2100 年、2200 年、2300 年等，虽然可以被 100 整除，但不能被 400 整除，所以不是闰年。

而 2400 年既可以被 100 整除，也可以被 400 整除，所以它是闰年。

地球的自转速度与原子钟时间的差异

与闰年相比，人们使用“闰秒”的历史还不长。1972

年人们首次采用“闰秒”。我以前还从未听过像“闰秒”这样的词。

这是因为使用铯原子的原子钟可以更精确地测量1秒。

地球的自转速度并不是恒定的。我们前面已经说过，最初，1秒的长度是根据地球的自转速度推算出来的，但是地球的自转速度会发生变化。

因此，由地球的自转速度推算出来的时间和原子钟的准确时间之间就产生了差异。

为了解决这种差异，人们引入了“闰秒”，将根据地球的自转速度推算出来的时间和原子钟的时间之差控制在0.9秒之内。

虽然这只是很小的误差，但是如果放任不管，长期下去，就会产生天亮的时间和时钟上的时间不一致的情况。

实施“闰秒”需要耗费大量的劳力

人们在格林尼治标准时间（世界时间）的12月或者6月的最后一天的最后1秒进行时间调整。换句话说，就是在59分59秒的后面插入“59分60秒”。

由于日本时间比世界时间提前9个小时，所以在日本，人们在 1 月 1 日或者 7 月 1 日的上午 9 点插入“闰秒”。

另外，因为“闰秒”是由根据地球的自转速度推算出来的时间和原子钟的时间之差得出的，所以要考虑是加 1 秒还是减 1 秒。

目前还没有减 1 秒的情况发生。这表明，地球的自转速度在减慢，而没有在加快。

实现这个“闰秒”需要耗费大量的劳力。据说，广播台、电视台之类的必须宣布正确时间的机构，会启用特殊的程序来实现“闰秒”。

第四章

为什么时间不可逆转呢?

为什么我们不能回到过去呢?

如果回到过去，杀了父亲的话……

如果那时这样做了的话……

我们每个人一定都想过：能不能回到过去重新来一次？

这可是个实现不了的梦想呀。至少，还没有人实现过。

也许只有在科幻世界里才有可能发生吧。

但是，究竟为什么不能回到过去呢？从科学角度来看是为什么呢？

就像我们前面提到过的，有种叫作“时间之箭”的概念。

时间就像箭一样，只能朝着前方飞去，不能返回。

我们还提到了时间与熵的关系。

那么，接下来，我们不妨从别的角度来思考一下：为什么我们不能回到过去呢？

喜欢科幻的人，一定听说过“时间悖论”。

这里所说的悖论，指的就是矛盾。

也就是说，如果可以回到过去的话，就会产生许许多多的矛盾。

有一个很常见的例子：如果回到过去，杀了尚在孩童时期的父亲的话，会发生什么呢？

如果杀了父亲，自己肯定也不会出生。然后那个杀了父亲的自己也就不存在了。如果自己不存在的话，也就不可能杀死父亲。所以，最终，自己还是会出生。

这就意味着，过去是不能被改变的。

时间旅行者

著名的科幻小说家雷·布拉德伯里创作了短篇小说《一声惊雷》，描述了一位回到远古的时间旅行者，因为踩死了一只蝴蝶，而改变了未来。

仅仅因为踩死了一只蝴蝶，就改变了未来，实在太令人震惊了。现在，像这种由微小变化产生了巨大影响的现象，被称作“蝴蝶效应”。

不过，“蝴蝶效应”原本说的是由于巴西的一只蝴蝶扇动翅膀而引起得克萨斯州龙卷风的事。

话虽如此，如果改变了过去，对现在会有各种各样的影响。夸张地说，历史会被改变。

因此，人们对科幻世界中的时间旅行者制定了规则：即使回到过去，也绝对不能干涉过去人们的生活。

否则，就会像罗伯特·泽米吉斯导演的时间旅行题材电影《回到未来》中的主人公那样，经历很多艰难困苦。

在这部影片中，回到过去的主人公让母亲爱上了自己，这样任其发展，父亲和母亲就不会结合。也就是说，主人公遇到了自己不能出生的危机。

在影片中，主人公无论如何都要让父亲和母亲结合在一起的场景，真是让人捏了一把汗。

被改变的历史才是现在的历史?

然而，有一种理论认为，即使进行时间旅行，也不能改变历史。

理由是，如果我们回到过去，改变历史，那个被改变的历史就成了现在的历史。

也就是说，历史是穿插了被时间旅行者改变过的历史的历史。

虽然有一点牵强，不过这样一来，时间悖论就得到了解决。

最近很流行穿越剧，主人公穿越到过去，成为战国时代的武将等情节，可能就是基于这种想法制作的。

大家能够理解这种思考方式吗?

相对论和时间的关系

镜子中的你是过去的你

实际上，时光机和爱因斯坦的相对论密切相关。

的确，相对论给人的感觉是晦涩难懂，一般人无法理解。但是，如果没有相对论，时光机就无法实现。

握着相对论的钥匙的是“光”。

我们平时所看见的物体，是照射到物体上的光反射回来后在眼内的成像。

光速是每秒 30 万千米。

这已经相当快了。

30 万千米相当于绕地球 7 周半，也就是说，光可以在 1 秒内绕地球 7 周半。

虽然如此，光速并不是无限的速度，而是有限的速度。

如果你看向离你 30 厘米远的镜子，反射到你眼中的镜子中的你，其实是你过去的模样。不过这是距离现在很近很近的过去，不会成为问题。

速度比光更快的火箭就可以成为时光机

虽然时光机还没有实现，但如果实现的话，它将会是一个遵循相对论的设备。或者，如果时光机不可能实现，这个不可能也是来自相对论的推导。

下面介绍一个在相对论的指导下制作时光机的方法——让速度比光更快的火箭成为时光机。

假设，有一种火箭，可以飞得比光还快。我们乘坐这种超光速火箭，飞出地球。

夜空中闪耀的星星距离我们非常遥远，即使以光速飞行，也需数年才能到达。不过，这从地球飞出的超光速火箭，转眼间就飞过了好几光年，到达了相邻的恒星。

根据相对论，时间和速度是因观察者而异的。

正在运动的观察者观测到的时间和速度，与地球上静止的观察者观测到的并不一致。

或许会有人认为，这种说法太愚蠢了，毕竟我们乘坐火车或者飞机时，时间并不会有偏差。但是这是真的。

这个偏差，在以接近光速的速度运动时才能感受到，极其微小。因此，乘坐火车或者飞机时并不会感觉到。

简而言之，如果用运动中的观察者的手表来测量，早上 6 点从地球出发的超光速火箭，到达相邻恒星的时间将是早上 5 点。

为了让超光速火箭发挥时光机的作用，将返回地球的路线做进一步调整，如果顺利的话，返回地球的时间也可以是早上 5 点，甚至更早的时间。

由于超光速火箭可以飞向过去或者未来，所以可以作为时光机来使用。如果能够实现比光速更快的速度，时光机就诞生了。这就是根据相对论推导出的结论。

无法超越光速

以上所述，终归只是个概念上的实验。

这种事情真的能实现吗？

非常遗憾，根据相对论，比光速更快的速度是不可能实现的。因此，制作出超光速火箭当成时光机是不能实现的。

我们不如反过来思考，速度比光速更快的火箭可以成为时光机，这意味着比光速更快的火箭是不存在的。

光在这个宇宙中是速度最快的，没有什么东西可以超过它。

近年来，曾有消息称，基本粒子之一的中微子的速度超过了光速，然而后来又被否定了。

如果有物体可以以接近光速的速度飞行，它会是什么样子呢？相对论给出了如下解释。

首先，物体的运动速度越接近光速，物体就会变得越短。当物体运动速度接近光速时，它会沿着行进方向收缩。因此，无论以多快的速度行进，都无法追上光速。

其次，物体的运动速度越接近光速，物体就会变得越重。当物体运动速度接近光速时，它的质量会变得无穷大。所以，超过光速是不可能的。

这并不是爱因斯坦随便乱说的。实际上，这已经被加速器实验装置所证实。

场所不同，
时间的长短也会不同？

以光速运动时，会发生什么？

我们总会觉得，无论在何时何地，时间都以恒定的速度流逝。

A 戴的手表，和 B 戴的手表，如果不是手表出了毛病的话，那么两块手表上的时间一定是相同的。

但如果不相同呢？

事实上，相对论中提到了，有时时间的速度会不一样。

前面已经举了两个例子，说明了以接近光速的速度运动时会发生什么。

第一，接近光速时，物体会变短。

第二，接近光速时，物体会变重。

还有，随着接近光速，时间会发生变化。除此之外，还有第四条规律。

随着物体的运动速度越来越接近光速，时间的流逝就会越来越慢。不过，应该补充说明，这是从旁观者的角度来看的。

当你戴着手表快跑的时候，在旁观者看来，这块表上的时间变慢了。越接近光速，这种现象就会越明显。

换句话说，如果速度没有接近光速的话，效果就不那么明显了。

此条规律也在实验中得到了明确证实。

广义相对论是探讨物质间引力的相互作用的理论

相对论分为狭义相对论和广义相对论。狭义相对论与运动的观察者有关，预测如果火箭接近光速会发生什么。广义相对论则是探讨引力作用的理论。

广义相对论认为，所谓的时间和空间，都是会伸缩、会弯曲的东西。时空弯曲是万有引力产生的原因。

空间和时间竟然会伸缩，这种事即使想想也会让人觉得头晕目眩。

爱因斯坦在发表了狭义相对论之后，又用了十年的时间，将其扩充，提出了探讨物质间引力的相互作用的广义相对论。

引力能使时间变慢

时间和空间发生弯曲的现象，在引力越大的地方越明显。

比如，在黑洞附近就可以看到这个现象。

所谓“黑洞”，是一种引力场很强的天体，连光也不能穿过它。

任何物质都无法从黑洞逃脱出来。

物体在接近黑洞到了一定距离时，就会无法逃脱，这个距离被称为“史瓦西半径”。

在史瓦西半径的范围内，由于引力场太过强大，相对论所描述的现象会极其明显。

就是说，在引力的作用下，时间会变慢，在引力强的地方，空间会扭曲。

假设现在宇航员正渐渐落入黑洞，并即将到达史瓦西半径的范围内。从远处来看，会发现宇航员的降落速度在逐渐变慢，最终他会在史瓦西半径处停下来。

这正是时间变慢和空间扭曲的现象所造成的。

从远处来看，并不会看到宇航员到达史瓦西半径。

然而，从宇航员的视角来看，他自己并没有停止，而是正在逐渐地被吸入黑洞。

这听起来是不是很矛盾？

这表明，时间和空间，会根据观察者的不同而不同。

然而，由于至今也没有能够接近黑洞的人，所以这种推测还没有被证实。

时间可以伸缩吗?

牛顿的力学世界

自爱因斯坦发表了相对论以来，时间的概念就被彻底改变了。

在爱因斯坦登场之前，支配物理学世界的是“牛顿力学”。

这里所说的，就是那个因为看到苹果落地而发现了引力的牛顿。

牛顿力学认为，时间是绝对的，空间也是绝对的，是不会变化的。

换言之，牛顿力学是从“上帝的视角”控制着绝对时间和绝对空间的力学。

时间是永恒的，空间也绝对不会改变。

从这个意义上说（虽然通常不会有这种说法），牛顿力学其实可以被称为“绝对论”。

相对论的世界

与此相对的，是爱因斯坦的相对论。

与牛顿力学相反，相对论认为时间和空间都是相对的。

这是什么意思呢？牛顿力学从单一视角来看待时间和空间，爱因斯坦则是从多种视角来看待时间和空间。

我们前面讲到，乘坐火箭的人看到的表，与在地球上的人看到的表是不一样的。

也就是说，A 的手表与 B 的手表的时间有可能是不一样的。

具体地说，正在快速运动的人的手表，与一动不动的人的手表相比，会走得更慢。

光速不变

由此可见，时间并不是绝对的。观察者不同，时间也会不同。

不过，在相对论中，也有一个绝对的东西。

那就是光速。光速约每秒 30 万千米。这个速度是不变的。

假设你正坐在时速 50 千米的车上。

在静止的人看来，时速的确是 50 千米。

但是，在朝着相同方向、以时速 30 千米行进的车上的人看来，你的车是以时速 20 千米在行进。

然而，光速则不一样。在静止的人看来，光速是每秒 30 万千米，在以每秒 29 万千米的速度飞行的人看来，光速仍是每秒 30 万千米。

爱因斯坦的理论的一个重要基础就是“光速不变”。从任何角度来看，只有光速是不变的。

此外，他认为时间和空间是可以伸缩的。

爱因斯坦的这种想法来自一个概念上的实验——如果我以光速飞行，我能够从镜子中看到自己的脸吗?

我们望着镜中自己的脸的时候，从我们脸上反射的光，先到达镜子，再经过镜子的反射，被眼睛接收到，在眼里成像。由此，我们就能看到镜中的自己了。

那么，如果在我们脸上的光射向镜子的同时，我们也以光速飞行，会怎么样呢？

我们手中拿着的镜子，也会以光速运动，而从脸上反射的光线，也会以光速飞行。

这样一来，从脸上反射的光不是就无法到达镜子了吗？不过，爱因斯坦认为并不会这样，我们的模样应该依然可以映在镜子里。

也就是说，爱因斯坦的结论是：即使从以光速飞行的物体的角度来看，光的速度仍然是不变的。

时光机可能存在吗?

霍金博士的有趣设想

科幻作家儒勒·凡尔纳曾写过:“只要是人能想象到的事物,必定有人能将它实现。”不过,时光机就是人类明明能想象到、却还不能将其实现的东西。

在赫伯特·乔治·威尔斯的著名科幻小说《时间机器》中,主人公乘坐像车一样的交通工具,穿越到了 80 万年后的未来。

在大多数人的想象中,时光机应该就是威尔斯小说中描写的那个样子吧。

遗憾的是,时光机至今仍未实现。

那么,将来它会实现吗?

关于这个问题，天才物理学家斯蒂芬·威廉·霍金有一个有趣的设想。

假设在未来，时光机成了现实，那么现在就应该有来自未来的访问者。

然而，我们现在完全没有未来人到来的迹象。所以，在未来时光机也是不能实现的。

话说回来，来自未来的访问者，未必会毫不掩饰地出现在人们面前。而且也不能否定，未来人可能会为了不对历史产生影响，秘密地来到现代。

在科幻作品里，还有一种想法，即为了不改变过去，进行时间巡逻，以监控时间旅行者。

在时间旅行者中，难免会有为了不被时间巡逻者发现而做坏事的人。

这种情况下，一件微不足道的小事就可能改变历史。

所以说，在思考关于时光机的问题时，一定会涉及时间悖论。

什么是“多世界诠释”？

不过，时间悖论并非完全无法解决。

我们接下来要说的是物理学家休·艾弗雷特提出的“多世界诠释”理论。

多世界诠释，是量子力学诠释的一种。在此我们不再详细说明量子力学，简单地说，多世界诠释是一种假定世上存在无数个平行世界的理论。

虽然多世界诠释并不是量子力学的主流理论，但有很多科学家支持这个理论。

根据这个理论，在某个世界里，你可能是拥有很多财富的大富豪，而在另外的世界里，你可能因为破产而坠入贫穷的深渊。就像这样，同时存在好几个不同的世界。

时间悖论的典型例子就是：回到过去，在自己出生前杀死了自己的父亲。

然而，因为这样一来，自己并不会出生，也就不能回到过去杀死父亲。只有父亲活着，自己才能出生，才能通过时间旅行回到过去。

不过，在多世界诠释中，可以有另一种情况。

假设时间旅行者杀死了自己的父亲。于是，在这个世界里，自己的父亲死掉，自己没有出生。

然而，还存在着另外的世界。在那个世界里，自己的父亲并没有死掉，自己也因此顺利出生了。

也就是说，你所杀掉的父亲，是另外的世界中的父亲。

通过多世界诠释理论，时间悖论就这样解决了。

虽然这听起来是个非常不严谨的说法，但也有很多物理学家支持。

艾弗雷特并不是为了要解决时间悖论才想出了多世界诠释。但按照这样的思维方式去想，确实解决了时间悖论这个难题。

关于“浦岛效应”的思考

浦岛太郎的时间

浦岛太郎的故事，我们每个人在孩童时期都听过吧。

故事里，最让人难以接受的是浦岛太郎打开玉匣时的情景。浦岛太郎从龙宫回到故乡，发现自己竟然没有一个认识的人，他绝望地打开玉匣，瞬间变成了白发苍苍的老人。这个结局真是太残酷了。

最不可思议的是，这则故事中的时间。

浦岛太郎在龙宫度过了 3 年，而地上竟然过去了几十年。这对孩子来说，实在太难以想象了。

实际上，这种奇异的现象与相对论有关，被称为“浦岛效应（时间膨胀效应）”。

正如前面所述，快速运动中的时钟会变慢。

那么，当你乘坐以接近光速的速度飞行的火箭时，会发生什么？

双胞胎兄弟一郎和二郎的旅行

我们经常用双胞胎兄弟的例子，来说明浦岛效应。

假设此时此地，有双胞胎兄弟一郎和二郎，他们的年龄是 20 岁。

一郎乘坐以接近光速的速度飞行的火箭，离开地球。然后，在地球上的时间过了 30 年后，一郎返回地球。

这时，留在地球的二郎已经 50 岁了。然而，刚刚返回地球的一郎仍然是 20 岁。

对一郎来说，这就像是一次时间旅行。这种现象就被称作浦岛效应。怎么样？这样的话，未来应该可以实现时间旅行吧。

“双生子佯谬”

关于浦岛效应，也产生了质疑的声音。

的确，在二郎看来，一郎乘坐火箭高速飞行，所以一郎的时钟会变慢。

可是，相对地，在一郎看来，二郎也在高速运动。因此两个人都会觉得对方的时钟变慢了。

尽管这样，可以确定的是，当一郎回到地球的时候，只有二郎的年纪变大了。

这是不是有点奇怪呢?

按上面的推理，一郎回到地球的时候，一郎眼中的二郎和二郎眼中的一郎应该一样，都没有变老。

可能稍微有一点复杂，这就是“双生子佯谬”。

那么，根据浦岛效应，时间旅行是不是不可能了呢?

不是的，实际上有很好的解决方案。

解决双生子悖论的关键，是火箭的折返点。

简单来说，火箭出发的时候，一郎和二郎拥有同一个视角。随着火箭的行进，从二郎的视角，一郎的时钟在变慢，从一郎的视角，二郎的时钟也在变慢。

到此为止，两个人都会看到对方的时钟变慢了。如果维持这样，那么，一郎返回地球时，两人时钟上的时间会相同。

可是，当火箭到达折返点并返回地球时，一郎就丢弃了原来的视角，切换到了新的视角。

相比之下，二郎一直在地球上保持着原来的视角。换句话说，此时，那种相对性已经瓦解了。

这时候，只有二郎的视角才是“绝对的”，也就是说，只有一郎的时钟才会变慢了。

是否可以通过“虫洞”回到过去?

宇宙中是否有“虫洞”？

年纪大的人或许记得，在小时候，电视上有一个名为“时间隧道”的节目。

这个节目描述的是，潜入时间隧道，去过去和未来旅行。

每一次，在历史上的重大事件发生时，看到横空出世的主人公与苦难斗争，都感到惊心动魄。

当然，这只是电视节目。不过，现在有一些科学家认为，可以通过宇宙中的天然隧道实现时间旅行。

据他们所讲，宇宙中或许存在名为“虫洞”的洞。运用未来的科学技术，或许还可以制作出虫洞。

所谓虫洞，本来是指树木或者果实中被虫蛀的洞。在宇宙中，从一个地方通向另一个地方的虫洞一样的隧道是存在的。

这并不是空想，而是从爱因斯坦的广义相对论得出的推论。

通过虫洞，可以瞬时从宇宙的一个地方移动到另一个地方，就像抄近路一样。

这就像动画《宇宙战舰大和号》中的超高速航法一样，即使很远的地方也可以快速到达。

还不仅仅如此。通过虫洞，还可以进行时间旅行。

通过虫洞实现时间旅行

下面我们来说明一下，如何通过虫洞来实现时间旅行。

首先，假设虫洞的入口是 A，出口是 B。

现在 A 和 B 两地的时间都是 6 点。

然后，让 A 以接近光速的速度运动，再让其以接近光速的速度返回到原来的地方。

在前面我们说过，以接近光速的速度运动时，时钟会变慢。

于是，A和B之间就形成了“时间差”。

也就是说,B明明已经过了1小时,A却只过了1分钟。

这种情况下，A处的时间是6点零1分，B处的时间是7点。

此时，时间旅行者不必和入口A一起移动，他和入口B一起留下也没关系。这样一来，时间旅行者的时间将和B一样，是7点。

接下来，时间旅行者决定跳进A洞。

在A的内部，与6点零1分时的出口B相连。由于虫洞内可以瞬间移动，时间旅行者在6点零1分从出口B出来。当时间旅行者环顾四周时，会发现自己处在6点零1分的世界。

也就是说，时间旅行者回到了59分钟之前的过去。

这的确有点复杂，大家明白了吗?

真正的难点在于，时间旅行者不可能返回到A开始移动之前的过去。

也就是说，无论让A以多快的速度运动，时间旅行者也不可能回到6点以前的过去。

●利用虫洞理论的时光机

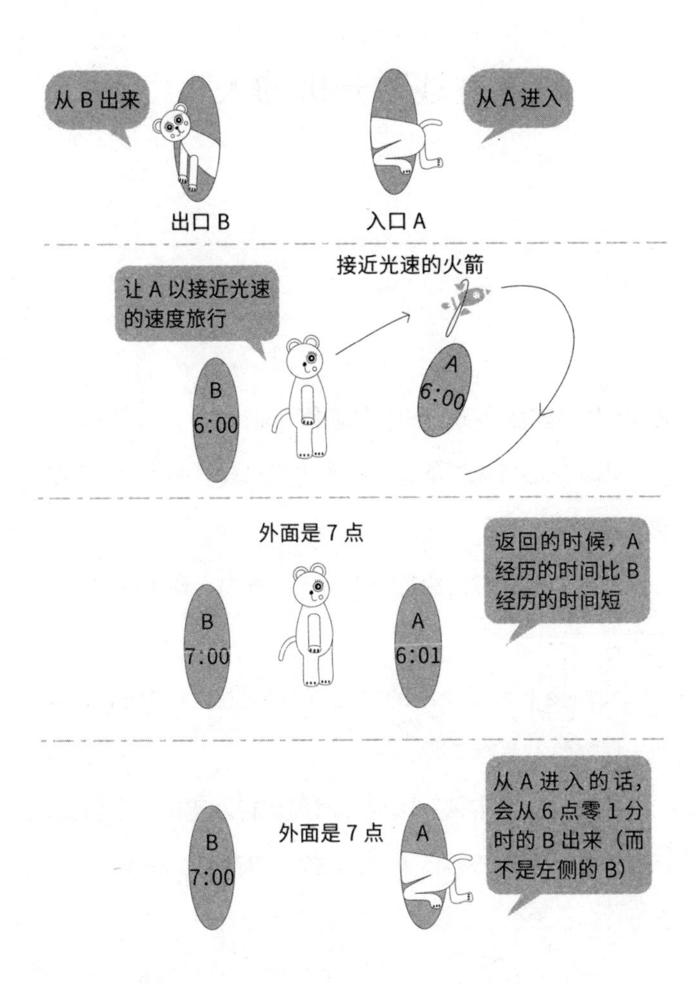
从 B 出来
从 A 进入
出口 B
入口 A
接近光速的火箭
让 A 以接近光速的速度旅行
B
6:00
A
6:00
外面是 7 点
返回的时候，A 经历的时间比 B 经历的时间短
B
7:00
A
6:01
B
7:00
外面是 7 点
A
从 A 进入的话，会从 6 点零 1 分时的 B 出来（而不是左侧的 B）

挑战时光机的人

使用“宇宙弦”进行时间旅行

正如我们所见到的，要实现时光机和时间旅行，存在着各种障碍。

即便如此，时间旅行依然有无尽魅力，许多科学家致力于此。

我们接下来要介绍的是美国普林斯顿大学的教授约翰·理查德·戈特三世。

他通过“宇宙弦”来研究时间旅行。所谓的宇宙弦，状似蛛丝，质量却非常大，1 米的宇宙弦有 200 个地球那么重。

有一种说法是，这种奇妙的丝线产生于宇宙大爆炸，飘浮着分布在宇宙中。人们试图用望远镜寻找宇宙弦，但是还没有观测到。

如果宇宙弦真的存在的话，那么用2根宇宙弦，就可以实现时间旅行。

首先，运用某种技术，让2根宇宙弦达到接近光速的速度。

然后，让2根宇宙弦擦肩而过。

时间旅行者乘坐接近光速的宇宙飞船，绕着2根宇宙弦飞行。如果能很好地调整路线和速度的话，就可能实现出发和归来是同一时间。这就是回到过去的时间旅行。

为什么会发生这样的情况呢?

宇宙弦拥有极大的质量，能使周围的时空扭曲。因此，绕其飞行的宇宙飞船，就可以实现“超光速”飞行。

超光速宇宙飞船，正如前面提到的，在旁人看来，如同一个飞往过去的时光机。如此一来，时间旅行就变成了可能。

使用宇宙弦的时间旅行，正是基于相对论。

基于广义相对论，宇宙弦会扭曲周围的时空。基于狭义相对论，宇宙飞船可以在出发的时间点返回。可见，要实现时光机和时间旅行，相对论是必不可少的。可以说，相对论是关于时光机和时间旅行的理论。

但是，前面提到过的霍金教授指出，这种方法存在着严重的问题。

霍金教授的“时间顺序保护假说”

霍金教授认为，将数学中的拓扑应用于相对论，可以得到一个定理。

这个定理是，存在某种可以进行时间旅行的时空，但其形状与普通的时空不同，且无法从普通的时空中诞生。

简单地说，在不存在时光机的时空里，不可能人为地创造出时光机。

确切来说，这个定理不是霍金教授提出的，而是其他数学家提出的。但这个定理是因为霍金教授在其否定时间旅行的论文中的介绍，才被世人所知的。

如此说来，如果要通过宇宙弦而实现时空旅行，就必须存在一个环境，让宇宙弦以接近光速的速度擦肩而过。这实在是太困难了。

霍金教授还认为，从量子力学的角度来看，通过虫洞进行时间旅行也是非常困难的。

霍金教授的看法是，关于时光机和时间旅行，无论以后提出了多么新奇的想法，物理学上一定会存在某个定律，使时光机和时间旅行无法实现。

这个理论被称作“时间顺序保护假说”。看来霍金教授不太喜欢时光机。

目前为止，还没有人制造出时光机。如此看来，时间顺序保护假说是不是正确的呢？时间旅行是不是不可能呢？

不过，时间顺序保护假说也没有得到证实。如果有人能制造出时光机，时间顺序保护假说就是错误的了。

如上所述，时光机和时间旅行是非常有吸引力的研究主题。

从今以后，一定还会有研究人员提出新的有关时光机的想法，来挑战时间顺序保护假说。

第五章

时间是否有开始和结束?

宇宙的年龄是多少?

宇宙已经 138 亿岁了

让我们来一场大型的时光旅行吧。

宇宙如同我们一样，也是有年龄的。

138 亿岁，这便是宇宙现在的年龄。

对我们这些即使长寿也不过百岁的人类来说，这真是一段相当漫长的时间了。

那么，怎样才能够得知宇宙的年龄呢?

古人认为宇宙是永恒静止的，星辰和银河的位置也是不变的。

然而，1929 年，美国天文学家爱德文·哈勃有了意想不到的发现——银河居然在渐渐地离我们远去。他还发现，离我们越远的银河，其运动的速度越快。

实际上，银河的移动并不是通过望远镜观测到的。如果通过望远镜就能观测到的话，这个现象早就被发现了。

那么，哈勃是怎样发现银河正在远去的呢？

他是通过“多普勒效应”发现的。

远去的光源发射的光呈红色

多普勒效应——好像在哪儿听过吧？消防车迎面驶来时，警笛声越来越高；而远去时，警笛声越来越低，就是这个原理。

因为在声源靠近时，声音的波长变短，形成高音；声源远去时，声音的波长变长，形成低音，就出现了这样的现象。

实际上，多普勒效应既存在于声音中，也存在于光中。

在光源靠近时，光的波长变短，光源远离时，光的波长变长。波长变长时，呈红色，波长变短时，则呈蓝色。

哈勃观测到远处的银河发出的光呈红色，这就是多普勒效应造成的。

用专业术语来说，这被称为“红移”。

如果远处的银河发出的光呈蓝色，则说明银河正在向我们靠近。

哈勃由观测得出，远处的银河正在离我们远去。

顺带一提，多普勒效应也被应用在某些意外的地方，比如棒球场。

在测量投手的球速时，就应用了多普勒效应。

在棒球节目中，总能立刻显示球速，大家是否感到不可思议呢？

这是因为使用了被称为“测速枪”的测量仪器。这种仪器向棒球发射电磁波，测量击中棒球后反射回来的电磁波的波长，从而测算出棒球的速度。

宇宙在不断膨胀中

远处的银河在不断离我们远去，这是从地球观测到的现象。实际上，我们所在的银河也在不断远去。

我们以最常见的气球为例。如果在气球表面上描绘出众多的银河，那么随着气球胀大，银河与银河之间的距离也会变远。宇宙就像这气球一样在不断膨胀。

如果宇宙总在不断膨胀的话，那么追溯过去，曾经的宇宙应该比现在更小，甚至可能是“无”吧。

所以，要想知道宇宙的年龄，用膨胀的距离除以膨胀的速度就可以知道了。

话虽如此，想要知道膨胀的速度可不是易事。毕竟，距离我们越远，银河的速度越快。而且银河并不是按照恒定的速度远去。

这时就要用到“哈勃常数”了。哈勃常数表示的是宇宙的膨胀比例。现在，随着观测技术的不断进步，我们可以得出相当准确的哈勃常数了。

但是，仅通过哈勃常数还无法得知准确的宇宙年龄。目前，通过观测“宇宙背景辐射”，科学家推测宇宙的年龄为 138 亿年。

宇宙背景辐射，指的是宇宙诞生后不久放射的光，至今仍投射在地球上。通过对它的测量，就能知道宇宙的年龄了。

其实就在不久前，宇宙的年龄还被认为是 137 亿年。今后，随着观测的精准度的提高，这个数字很可能还会发生变化。

地球的年龄是多少?

地球已经 46 亿岁了

地球大约 46 亿岁了。

和宇宙相比，地球确实还年轻。但在我们人类看来，这时间已经非常漫长了。

地球是怎样诞生的呢？让我们来探索一下它的历史吧。

在还没有太阳和地球的时候，宇宙中飘浮着氢气和其他气体。这些气体，是由曾经存在的星体所引发的“超新星爆炸”产生的。

这些气体，又成了新星体的来源。

这有点像佛教的轮回转世，一颗星的消失，迎来了另一颗新星的诞生。

有的地方气体浓，有的地方气体淡。在气体浓的地方，原子之间由于引力相互吸引，使气体变得越来越浓，相应地，引力也越来越强，将周围的气体也吸引过来了。这样下去，气体团像堆雪人一般越来越大。

然后，这样的气体团旋转起来，形成了圆盘状的星云。这被称为“原始太阳系星云”。

太阳的诞生

气体团达到一定质量时，其内部的氢开始发生核聚变。

核聚变，是指由于高温和高压，氢原子相互融合成氦的现象。这会产生巨大的能量。现在，在太阳内部，也在激烈地发生着氢的核聚变。正因为接受了太阳的这份能量，我们才得以存活。

就这样，在距今约 50 亿年前，太阳诞生了。

在太阳周围，小型的气体团聚集、冲撞，逐渐形成了大行星、小行星、彗星等天体。

此时，在距离太阳较近的地方，岩石和铁为主要成分，在距离太阳较远的地方，冰为主要成分。

因此，太阳近处形成了水星、金星、地球、火星等以岩石为主要成分的行星，远处形成了木星、土星等以气体为主要成分的行星，更远处形成了天王星、海王星等以冰为主要成分的行星。

地球与月球的诞生

原始的地球遭受了很多微行星的冲撞。冲撞时的能量产生了热，使地球表面的岩石熔化成了岩浆。

另外，微行星的冲撞激发出了地球内部的气体，形成了地球的大气。

这气体的主要成分为水蒸气，水蒸气带来了温室效应，使地球表面的温度变得更高。

提起温室效应，我们首先会想到二氧化碳。其实，水蒸气对温室效应的影响丝毫不亚于二氧化碳。

在熔化的岩浆中，密度高的铁等金属沉底，密度低的岩石浮在上面。

于是，铁等金属形成了地球的地核部分，岩石形成了地幔部分，就这样分离了。

而且，曾经有火星大小的原始行星撞击过地球。这被称为“大撞击”。有一种说法是，正是这一次撞击使地球表面的地幔脱落，并与冲撞过来的原始行星的地幔相混合，形成了现在的月球。

在那以后，地球又遭受过巨大陨石的撞击，但最终趋于平息。地球逐渐冷却，表面被固体的岩石覆盖。

然后，水蒸气变成液态，降回地球表面，在大约1亿年前，形成了如今的海洋。

为什么我们能了解当时发生的事呢？这是因为古老的岩石中含有“放射性同位素”。放射性同位素在经过一定时期后会减半，因此，将原本的量与现有的量相对比，就可以了解到以往年代的情况。

生命的历史有多少年?

生命诞生于 40 亿年前

走过长长的时间之旅，我们终于讲到了生命的历史。

地球上的生命诞生于大约 40 亿年前。这比人类的历史长得多。

地球是已知的唯一存在生命的天体。目前还没有发现其他行星上有生命的存在。

存在液态水，被视为生命存在的条件之一。NASA（美国国家航空航天局）曾称，在火星上发现了液态水存在的证据，但仍未发现生命的存在。

除火星外，木星的卫星欧罗巴、海王星的卫星海卫一上似乎也存在液态水，但是否存在生命尚不可知。

地球上发现的最古老的生物化石是细菌的化石，距今35亿年。生命诞生的时间在此之前，大致推断是在40亿年前。

海洋对生命的诞生至关重要

地球的历史分为冥古宙、太古宙、元古宙、显生宙。从地球诞生至40亿年前为冥古宙，40亿年前至25亿年前为太古宙，25亿年前至大约5亿4200万年前为元古宙，之后为显生宙。

其中，显生宙可以再细分为古生代、中生代、新生代。

冥古宙，是在岩石和地层上没有留下任何记录的“黑暗时代”。

生命究竟是如何诞生的，这仍是一个巨大的谜团。不过，生命诞生的时间是在40亿年前，这与海洋形成的时间相近。由此可以认为，生命的诞生与海洋的形成是分不开的。

生命体和非生命体的不同，主要在于生命可以自我复制和繁殖、通过细胞膜等形成独立于外部的空间、获取或释放能量和物质以进行代谢等。

至于生命所必需的氨基酸，其起源也是众说纷纭。

有人认为，它是由地球上的氢、甲烷、氨等物质合成的，也有人认为，它是被陨石或彗星带到地球上的，目前尚无明确的结论。

光合作用可以产生氧气

在 25 亿年前，生命的活动对地球的环境产生了巨大的影响。

由于蓝藻这种可以进行光合作用的细菌的繁殖，地球大气中氧的含量大大增加了。现在的植物也在进行光合作用，通过二氧化碳、水和阳光，生成碳水化合物与氧。

原本，地球大气中只存在少量的氧，但蓝藻向地球大气中释放了大量的氧。

实际上，最初对生物而言，氧是剧毒。这是因为氧具有让所有物体氧化的超强能力。

但是，生物进化出了利用氧产生能量的系统。具有细胞核的真核生物诞生了。

最古老的真核生物化石，形成于大约 21 亿年前。真核生物不断进化，在约 6 亿年前，多细胞生物诞生了。

4亿年前，出现了从水中到陆地上生存的生物。这就是现在的两栖类、爬行类、哺乳类动物的祖先。

就像这样，生物的进化经过了漫长的时期。

我们如何知道恐龙生活的年代？

恐龙生活在中生代

在电影《侏罗纪公园》中，原本生活在古代的恐龙复活了。在故事里，吸食了恐龙血的蚊子被封存在了琥珀中，人们将其血液中的 DNA 与青蛙的 DNA 重组，实现了恐龙的复活。

如果真的存在这样的公园可不得了了。笔者胆战心惊地看完了这部电影。

《侏罗纪公园》中所说的“侏罗纪”，是恐龙繁衍生息的时代。

侏罗纪是地球的地质时代之一。

如前面所述，显生宙可再细分为古生代、中生代和新生代。恐龙生存于中生代。

中生代可再细分为三叠纪、侏罗纪、白垩纪这3个时期。

恐龙生存在三叠纪后期至白垩纪后期，也就是距今2亿2000万年前至6550万年前。早在人类登场之前，恐龙就已经存在了。

恐龙在6550万年前突然灭绝。人们认为，这可能是巨大的陨石撞击地球造成的。不过，还存在其他不同的说法。

我们能知道在几千万年前、几亿年前曾有恐龙生存，是因为有恐龙的化石。

如果能知道化石出自哪个时代的地层，就能大致知道恐龙存在的具体时间了。

而且，通过化石中的“放射性同位素”，也可推断出恐龙存在的时间。

元素的性质由质子数量决定

下面我们对放射性同位素进行一些说明。

元素，是氧、氢、碳等物质的基础。氧与氢结合会生成水。宇宙中的物质是以100多种元素为基础形成的。

这些元素（也就是原子），由原子核与绕原子核运动的电子构成。原子核则由质子和中子构成。

元素的性质由质子数量决定。例如，有1个质子的是氢，有2个质子的是氦。

质子的数量被称为原子序数。氢的原子序数为1，氦的原子序数为2。

质子带正电，电子带负电。

而中子既不带正电，也不带负电，为中性。

质子数量相同、中子数量不同的为同位素

有些元素质子数量相同，但中子数量不同。

比如，最简单的氢原子由1个质子和1个电子构成。但还存在多了1个中子的氢原子，被称为“重氢”。

甚至还存在有2个中子的“超重氢”。这些元素如兄弟一般，化学性质相同，只是质量不同。

像这样，只是中子数量不同的同一元素被称为同位素。

最有名的同位素，当属铀235，它被用于原子能发电。顺便一提，在铀元素中，目前已经发现了有92个质子、

146 个中子的铀 238。而铀 235 有 143 个中子。以 1 个中子撞击铀 235，它就会不断地裂变，释放出惊人的能量——这种能量就是原子能。

很多同位素都不稳定，但也有可能通过放出 α 射线、β 射线、γ 射线等放射线，变成稳定元素——这样就成了“放射性同位素”。

放射性同位素会衰变、减半，这被称为“半衰期”。例如，钾 40 的半衰期是 13 亿年，铀 235 的半衰期是 7 亿年，铀 238 的半衰期是 45 亿年，碳 14 的半衰期是 5730 年。

如果化石中含有放射性同位素，通过测量其减少了多少，就能推测出化石的年代了。

最遥远的银河需要多少年才能抵达?

1 光年有多远?

我们在凝视夜空中璀璨的群星时，时常会觉得不可思议。

我们看到的是很久很久以前，距离我们上亿光年的遥远星体发出的光亮。也就是说，现在我们看到的，都是几亿年前的星体的身姿。其中有些星体，说不定生命早已终结。

这些距离我们几万光年、乃至几十亿光年的遥远星体，如同搭乘了时光机，将来自远古的美妙身姿展现在我们眼前。

时间竟是这般不可思议！

那么，1 光年究竟有多远呢？光速约为每秒 30 万千米，光年就是光 1 年走的距离。计算下来，1 光年约为 9 兆 4600 亿千米。

真是一段令人难以想象的距离啊！

搭乘火箭到达月球需要 4 天，而以光速到达太阳仅需要 8 分钟

距离地球最近的天体非月球莫属，它距离地球约 38 万千米。搭乘火箭到达月球，大约需要 4 天的时间。

火星也距离地球比较近，它距离地球约 5600 万千米。目前，火星探测器需要耗费数月才能到达火星。

太阳距离地球约 1 亿 5000 万千米。不过，光速仅需要 8 分钟就能到达。

离地球最近的恒星是半人马座的 α 星，距离地球 4.3 光年。大犬座的天狼星距离地球 8.7 光年。

这样的距离听上去似乎并非遥不可及，但实际上，因为我们无法以光速飞行，要飞越这样遥远的距离，需要耗费极长的时间。

我们已经知道，根据爱因斯坦的相对论，如果一艘火箭以接近光速飞行，那么它的质量就会变得无限大。所

以，以光速飞行是无法实现的。

上述现象可以通过加速器这一实验设备得到证实：如果粒子以接近光速飞行，质量就会变大。

我们距离仙女座星系约 230 万光年

离我们最近的大星系是仙女座星系。我们可以用肉眼看到仙女座星系，它位于仙女座，距离地球约 230 万光年。

总而言之，这是一段我们穷尽一生也无法到达的距离。

仙女座星系正在不断靠近我们所处的银河系，可能会在 50 亿年后发生冲撞。然而，虽说是两个星系的冲撞，但也没有到骇人听闻的程度，我们不必担心。

星系中的星体互相远离，零星分布，星体之间并不会发生碰撞。话说回来，等到星体真的发生碰撞时，人类是否还存在都是未知数。

姑且不说这个，50 亿年后，太阳会不断膨胀，并将地球吞噬。无论如何，到了那时，地球上也不会有人类生存了。

比仙女座星系更接近地球的是大麦哲伦星云，它距离地球 16 万光年，至今没有人类登陆。

在迄今为止发现的天体中，最遥远的星系与仙女座星系的距离约为 131 亿光年。

这也是一段超乎我们想象的距离。

这个星系名为“EGS-zs8-1 星系”。

这是以光速飞行需要 131 亿年才能到达的地方。人类如果搭乘火箭前往，在到达之前生命就会走到尽头。

那么，是否还有更遥远的星系呢？很有可能。随着科技的进步，观测会更加精确，我们很可能会发现更遥远的新星系。

时间是否有开始?

宇宙的诞生即时间的开始

时间是否有开始？是否有结束？在很久以前，人们普遍认为，时间既没有开始，也没有结束。

其实，与其问时间是否有开始和结束，不如问宇宙是否有开始和结束。

最近出现了名为“稳恒态宇宙学”的理论。该学说主张，物质在空间上的分布是均匀的，在时间上的分布也是稳定的。

不过，随着人们对宇宙空间探索的不断深入，这一学说显得越发牵强。宇宙绝对不是既没有开始也没有结束的物质世界。目前，人们普遍接受的说法是：宇宙在大约

138 亿年前诞生。

138 亿年前，宇宙诞生了。前面已经讲过，天文学家哈勃认为，宇宙不是静止的，而是在不断膨胀。

哈勃提出的这个学说给当时的天文学界带来了不小的冲击。为什么呢？因为在此之前，人们深信宇宙是静止不动的。

更具有冲击性的是，如果宇宙在不断膨胀，那么反过来，宇宙不断缩小、直至消亡也是有可能的。

宇宙的诞生，也正是时间的开端。

大爆炸宇宙论

那么，宇宙究竟是如何诞生的呢？这个问题一直困扰着人们。我们不得不提到美国物理学家乔治·伽莫夫，他是众所周知的“大爆炸宇宙论”的拥戴者。

大爆炸宇宙论指的是，宇宙本是“无”的状态，发生大爆炸后，生成了炽热的火球。

根据大爆炸宇宙论，大爆炸之后，宇宙诞生，并不断膨胀。

于是，就有了现在 138 亿岁高龄的宇宙。

宇宙膨胀说

不过，宇宙是如何从“无”中诞生的呢？这个问题令人百思不得其解。

目前比较有说服力的理论是，在大爆炸以前，宇宙以惊人的速度不断膨胀着。

这种理论就是“宇宙膨胀说”。

根据该理论，宇宙从无到有地诞生了。最初它的尺寸极小，直径只有 10^{-34} 厘米，这个数字的小数点后有 33 个 0，小得令人难以置信。

而基本粒子夸克的直径为 10^{-18} 厘米。与之相比，宇宙诞生时的尺寸还要小很多。

然而，这个微小的宇宙仅在一瞬间就膨胀了 10^{43} 倍。这个数字在 1 后面有 43 个 0，大得令人震惊。

大爆炸随后就发生了。

宇宙从无到有的诞生过程，果然还是令人难以理解。

实际上，“无”是不断运动的基本粒子

实际上，物理学中所说的“无”，并非什么都没有。最初的宇宙充满了潜在的能量。

这跟我们平时理解的“无”的意义略有不同。

这可能听起来有点难懂，其实宇宙在还没有诞生时就在不断运动。在宇宙中，“无”和真空在本质上是一样的。在真空状态下，时时刻刻都有基本粒子在形成或消亡。

所谓的基本粒子，指的是宇宙中的夸克、电子、中微子等“最小单位的粒子”。在真空状态下，也就是“无”的状态下，这些基本粒子会处于活跃状态，不断形成，不断消亡，如此这般，周而复始。

总而言之，宇宙就是在这些基本粒子的不断运动中诞生的。时间的开端，也由此开始。

时间是否有结束?

宇宙的未来预想图

前面我们已经说明了，时间是有开始的。那么时间是否有结束呢?

为了弄清这个问题，我们需要知道宇宙未来的变化趋势。

现在，关于宇宙未来的变化趋势，大致有 3 种说法。

第 1 种说法是，宇宙以现在的速度持续膨胀。

大爆炸之后，宇宙诞生，持续膨胀，并会以此趋势一直膨胀下去。

第 2 种说法与第 1 种说法稍有不同，认为宇宙会持续膨胀下去，但不会急剧膨胀，而是会以缓慢的速度膨胀。

第 3 种说法是，总有一天，宇宙会停止膨胀，转而收缩，逐渐变小，直至消亡。这种学说与宇宙大爆炸相反，被称为“宇宙大挤压”。

如果宇宙大挤压成立，那么终有一天，宇宙会消亡，时间也会随之结束。

宇宙会膨胀到什么程度呢?

上面 3 种说法中的宇宙有各自的名称。第 1 种说法中的宇宙被称为“开放宇宙”，第 2 种说法中的宇宙被称为“平坦宇宙”，第 3 种说法中的宇宙被称为“闭合宇宙”。

在我们看来，时间既然有开始，应该也有结束。正如我们人类，有生命的开始，也有生命的结束。

但是，目前学者认为，宇宙很有可能以现有趋势无限膨胀下去。

如果宇宙以现有趋势持续膨胀的话，那么时间就不会结束了。

不过，宇宙到底是会以现有趋势持续膨胀，还是会在未来停止膨胀，我们无法得出明确的结论。即使在科学技术发达的今天，宇宙依然充满神秘，等待我们去一探究竟。

宇宙未解之谜

我们无法用肉眼看见的“暗物质”和“暗能量”是宇宙未解之谜。我们至今未能探明它们的真身。

那么，为什么科学家认为暗物质是存在的呢？

这是因为，从银河整体来看，暗物质可以解释银河为什么不会“零散杂乱”。

简单来说，我们肉眼可见的星体的重力微乎其微，不足以归拢起整个银河。

这让人不禁觉得，银河中存在某种我们肉眼看不到的东西。正是这种神秘力量，凝聚成了我们看到的银河。

而且，根据我们目前了解到的银河质量，各星系、各星系团不是分散的，而是集聚在一起的，也是暗物质存在的根据。

种种迹象都表明，这种时而发光、时而反射光的物质，一定存在于宇宙之中。

暗物质的真身是什么？

关于暗物质的真面目，有以下几种说法。

第 1 种说法是中微子说。中微子是中子崩坏时放射出的微小粒子。

之前人们一直认为，中微子没有质量。但日本的超级神冈探测器检测出了中微子的质量。

由于中微子大量存在，它成了暗物质的候选者之一。但是，中微子的质量本来就极其微小，对其进行研究十分困难。

除此之外，第 2 种说法是小型黑洞说，第 3 种说法是褐矮星或白矮星说。

总之，暗物质和暗能量会成为未来宇宙探索的关键。

无论如何都想告诉你的时间杂学

[日]久我胜利 著
凌文桦 译

图书在版编目（CIP）数据

无论如何都想告诉你的时间杂学 / (日) 久我胜利著；凌文桦译. —北京：北京联合出版公司，2019.1（2019.1 重印）

ISBN 978-7-5596-0404-0

Ⅰ. ①无… Ⅱ. ①久… ②凌… Ⅲ. ①时间—普及读物 Ⅳ. ① P19-49

中国版本图书馆 CIP 数据核字（2018）第 259699 号

选题策划 联合天际
责任编辑 张 萌
特约编辑 节晓宇
美术编辑 冉 冉
封面设计 汐 和

UnRead
思想家

出 版 北京联合出版公司
北京市西城区德外大街 83 号楼 9 层 100088
发 行 北京联合天畅文化传播公司
印 刷 北京联兴盛业印刷股份有限公司
经 销 新华书店
字 数 90 千字
开 本 787 毫米 × 1092 毫米 1/32 6.5 印张
版 次 2019 年 1 月第 1 版 2019 年 1 月第 2 次印刷
I S B N 978-7-5596-0404-0
定 价 49.80 元

关注未读好书

未读 CLUB
会员服务平台